KB169681

하루 5분,
엄마의 언어 자극

부모가 꼭 알아야 할 **0~6세 연령별** 아기 발달 정보와 언어 자극법

하루 5분 **엄마의 언어 자극**

장재진 지음

카시오페아
Cassiopeia

엄마의 언어 자극이 기적을 만든다

어릴 때 엄마가 콩나물을 키우신 적이 있다. 체에 콩을 얇게 펴 담고 플라스틱 통으로 받친 후 검은색 천을 덮고는 그 위로 물을 주셨다. 콩에 붓는 물은 체 그물 사이로 바로바로 빠져나갔다. 처음에는 언제쯤 콩나물이 될지 너무 궁금해서 수시로 들여다봤는데, 콩나물은커녕 동그란 콩만 그대로였다. 금새 시큰둥해져 들여다보기를 그만뒀다. 며칠이 지나 엄마가 부르셔서 가봤더니, 검정 천 아래로 콩나물이 넘치도록 자라 있었다. 탄성이 절로 나왔다. 며칠 안 본 사이에 이렇게나 자랐다니.

누군가는 아이 키우는 것을 콩나물 키우는 것에 비유하기도 한다. 하나도 자라는 것 같지 않은데 어느새 쑥쑥 자라나 있는 모습이 마치 콩나물 같다는 것이다. 나는 또 다른 관점에서도 아이 키우기가 콩나물 키우기 같다고 생각한다. 쑥쑥 자란다는 점이 신기하기도 하지만, 더 중요한 것은 물만 줬는데 그렇게 자랐다는 것이다. 게다가 그 물은 붓는 족족 다 빠져나가지 않았는가. 스쳐 지나가는 것만 같은 물이 콩나물을 키운 것처럼, 아이는 매일매일 이루어지는 부모의 자극 속에 커가고 있는 것이다.

아이는 하루가 다르게 변하지 않기 때문에, 부모로선 열심히 자극을 주지만 아이에게 진정한 양분이 되고 있는지 알 수 없어 안타깝기만 하다. 이렇게 하면 잘못하는 것 같고, 또 저렇게 하면 별 도움이 되지 않는 것 같고, 나름대로 열심히 하는데도 아이의 발전과 연결되는 것 같지 않다. 나의 노력이 '밑 빠진 독에 물 붓기'같이 느껴진다. 그러다 보면 '내가 제대로 하고 있는 걸까? 뭔가 잘못하고 있어서 우리 아이 발달이 더딘 것은 아닐까?' 하는 불안감도 생기게 된다.

하지만 다 빠져나가는 것 같은 물을 먹고 콩나물이 쑥쑥 자라듯이, 우리 아이들도 마찬가지다. 부모의 언어 자극이 아무 의미가 없는 것 같고, 아이를 스쳐 그냥 사라지는 것 같고, 부모만 애면글면하는 것 같겠지만 그것을 기반으로 아이들은 쑥쑥 자란다. 몸만 커지는 것이 아니다. 언어도 다양해지고, 인지도 자라고, 감정도 풍부해진다.

16년 전, 나는 정말 건강한 산모였다. 초음파로 본 아이도 참으로 건강했다. 빨갛게 잘 익은 커다란 대추를 받는 꿈을 꾸었다고 했더니, 다들 아들 태몽이라고 했다. 배에서 노는 아이가 얌전한 편이어서 '딸인가?' 하고 생각하기도 했지만, 태몽처럼 아들을 낳았다. 태어난 아이를 신생아실 창문 너머로 처음 만났을 때, 나를 바라보던 눈동자를 잊을 수 없다. 나는 아이의 눈동자를 보면서 약속했다. 세상 모든 것을 너에게 주겠다고, 너를 세상에서 가장 행복한 아이로 만들겠다고.

아이가 태어나고 9개월이 넘어섰을 때, 나는 아이가 보통 아이들과 조금 다르다는 것을 느꼈다. 낮잠을 재우는데 밖의 소음이 들려와도 한 번도 뒤척이거나 깨지 않는 것이다. 엄마의 직감이었다. 계속 지켜보던 우리 부부는 10개월이 됐을 때, 아이를 데리고 병원에 갔다. 하늘이 유난히도 파랗고 눈부셨던 그 가을날, 의사 선생님한테 청천벽력 같은 얘기를 들었다.

"이 아이는 듣지 못합니다. 옆에서 비행기가 떠도 못 듣습니다."

그날 집으로 돌아오던 길, 품에 잠든 아이를 안고 나는 하염없이 눈물을 쏟았다. 핸들을 잡고 있던 남편도 말이 없었다. 그날 한강변의 눈부신 가을 햇살과 파란 하늘은 아직도 선명한 기억으로 남아 있다.

우리는 방법을 찾아야 했다. 그리고 마침내 우리가 찾아낸 방법은, 인공와우 수술이었다. 달팽이관 속에 전극을 심어 소리를 듣게 하는 방법이다. 아직 돌도 지나지 않은 아이를 두고 수술을 고려해야 한다는 게 가슴 아팠지만, 그래도 해볼 방법이 있다는 것을 다행으로 여겼다. 아이가 성공적으로 수술을 받는다면, 듣고 말할 수 있게 될 것이다.

하지만 우리를 또 한 번 절망하게 한 소식은 아이가 귀뿐만 아니라 청신경에도 문제가 있다는 것이었다. 달팽이관만의 문제라면 인공와우 수술로 좋아질 수 있지만, 신경 문제는 현재 의학기술로 해결할 수 없다고 했다. 의사 선생님은 고개를 저으며 말했다.

"수술을 해도 못 들을 수 있습니다. 수술을 해서 소리라도 듣게 될 확률은 50퍼센트입니다."

50퍼센트라고 하지만 수술에 희망을 걸어볼 수밖에 없었다. 아이가 15개월이 되자, 전신마취를 하고 인공와우 수술을 받았다. 다행히 수술은 무사히 끝났다.

그런데 이후 언어치료를 비롯한 재활 과정에 돌입했을 때 '설마'라는 염려는 '역시'가 됐다. 우선 신체 발달이 다른 아이들의 두 배, 아니 훨씬 더 느리게 진행되는 것 같았다. 돌이 됐는데도 걷기는커녕 혼자 앉기도 힘들어했고, 21개월이 되어서야 뒤뚱거리며 겨우 몇 발짝을 뗐다. 계단 오르내리기와 같은 다소 복잡한 활동은 더 많은 시간이 지난 후에야 할 수 있었다. 게다가 언어는 다른 아이들에 비해 현저히 늦됐고, 심지어 비슷한 시기에 인공와우 수술을 받은 아이들보다도 늦었다. 다섯 살 때까지도 문장을 구사하지 못하고 짧은 단어로만 말했으며, 그나마 발음도 정확하지 않아서 무슨 말을 하는지 알아듣기 어려웠다.

아이는 여러 훌륭하신 치료사 선생님들에게 재활치료를 받았다. 그런데 아이의 발달을 주되게 이끌어야 하는 사람은 다른 누구보다 바로 옆에 있는 사람, 엄마라는 생각이 들었다. 엄마야말로 아이의 발달 상황을 누구보다 잘 알고, 누구보다 아이를 걱정하며, 아이의 발달을 이끌기 위해 누구보다 고민하고 노력하는 사람이다. 여기에 생각이 미치자 내가 직접 아이의 발달을 챙겨야겠다는 생각이 들었다. 아무리 훌륭한 전문가도 할 수 없는, 내 아이 맞춤형 언어 자극을 해주기로 다짐했다.

그런 일을 해내려면 정확한 정보와 방법이 필요했다. 인터넷을 뒤졌지만 정보가 정확한지 알 수 없었고, 도움이 될 만한 책을 찾았지만 내가 언어치료 전공이 아니어서 매우 어려웠다. 그래서 언어치료학을 공부하기로 마음먹었다. 그때도 직장에 다녔던지라 회사 일과 공부를 병행하기란 결코 쉬운 일은 아니었다. 하지만 나는 엄마 아닌가.

우선 나는 아이의 현재 수준에 맞추어 언어 자극을 주고 문장을 늘려나가는 데 초점을 두었다. 처음에는 단순한 말놀이 수준으로 하다가, 아이의 언어능력이 좋아질수록 그에 맞추어 좀더 길고 어려운 자극을 주었다. 아이가 활동을 할 때는 조금 어설프거나 부족해 보여도 격려하고 칭찬하려고 노력했다.

늘 잘하지는 못했다. 심하게 혼을 내기도 했고, 감정적으로 소리를 지른 적도 있었다. 어떤 날은 '왜 안 될까' 자책하면서 아이를 끌어안고 함께 울기도 했다. 엄마가 아이를 가르친다는 것이 쉽지만은 않아서 스트레스도 많이 받았고 정말 힘이 들었다. 그래도 포기할 순 없었다. 다행히 아이에게 더 많은 애정과 관심을 기울이면서부터 아이의 부족한 점이나 개선해야 할 점, 좋아지고 있는 점들이 더욱 선명하게 보이기 시작했다.

엄마와 치료사 선생님들의 노력이 잘 맞물린 덕인지, 아이는 엄마표 언어 자극이 본격화된 첫 1년 동안 언어 발달 측면에서 다른 아이들의 2년 치를 따라갔다. 그다음 해에도 마찬가지였다. 아이는 마침내 초등학교 들어가기 전까지 언어와 신체 발달 수준 모두에서 또래를 따라잡았다. 그래도 멈추지 않고 초등학교 때까지 엄마표 언어 자극을 꾸준히 계속했다.

아이는 지금 중학생이 됐다. 엄마 눈에는 아직도 부족한 점이 많이 보이지만, 어릴 때부터 아이를 보아온 치료사 선생님들은 '잘 컸다'고들 얘기하신다. 그리고 나는 언어 문제를 겪는 아이들을 치료하는 언어치료사가 됐다. 물론 언어치료사로서 내가 아이들을 잘 치료하고 이끌어주어야 하지만, 부모의 역할은 훨씬 더 중요하다고 말씀드린다. 그렇다고 해서 지금 아이의 언어 문제나 발달의 어려움이 부모 탓이라는 것은 아니다. 부모의 관심과 자극이 아이의 발달에 토대가 된다는 것을 잊지 말아야 한다는 뜻이다.

15년 전의 나와 똑같은 고민을 하면서 막막해하고 있을 부모들을 위해 언어 발달 팁을 알려주고 부모가 집에서 어떻게 도와주어야 하는지를 조언해드리고 싶었다. 그 마음으로 두 권의 책,《아이의 언어 능력》과《초등아이 언어능력》을 펴냈다.

아이의 발달 상황을 정확하게 아는 것은 부모가 객관적인 시각을 갖는 데서 출발한다. 현재 발달 상황을 잘 알지 못하면 아이의 발달을 절대 이끌 수 없다. 아이의 현재 수준보다 목표를 지나치게 높게 잡으면, 어떤 지도를 하더라도 아이의 발달과 연결되지 못한다. 원하는 물건을 손가락으로 가리키는 정도의 언어능력을 가진 아이에게 "아빠 넥타이, 엄마 구두 가져다줘"라거나 "이게 무슨 뜻이야?"와 같이 말한다면 어떨까? 아이에겐 너무나 어려운 지시이기에 이해를 하지 못할 것이다. 이제 막 숫자를 배우는 아이에게 곱하기, 나누기를 가르치려는 격이다.

반대로, 아이의 발달 단계를 지나치게 낮춰 잡는 것도 좋지 않다. 예를 들어 레고블록이나 가베로 무언가를 만들 수 있는 수준의 아이에게 오뚜기나 딸랑이만 주고 놀라고 하면 어떨까? 그러면 아이는 언어 자극 자체를 무료하고 심심한 것, 자기가 다 아는 것을 엄마가 시키는 것이라고 생각해 활동 자체에 흥미를 잃게 된다.

아이의 발달을 효과적으로 이끌려면 '소라게의 껍데기와 같은 언어 자극'을 주어야 한다. 즉, 아이의 발달 상황에 따라 언어에 변화를 줄 수 있어야 한다는 얘기다. 아이의 발달 수준에 맞는 언어 자극은 소라게의 크기에 딱 맞는 소라 껍데기와 같다. 그런데 껍데기가 너무 딱 맞을 때까지 한곳에 머물면 소라게는 불편함을 느낄 수 밖에 없다. 부모는 껍데기가 되어 소라게를 보호해야 할 뿐 아니라, 어느 시기가 되면 좀더 큰 것으로 갈아탈 수 있도록 준비도 해주어야 한다.

둘째가 태어났을 때, 건강한 아이라는 것만으로도 세상을 다 가진 것처럼 행복했다. 아직도 기억나는 것은 7개월 때 물고기를 보고 '고기'라는 말을 따라 했고, 18개월 때쯤에는 '반짝반짝 작은 별'을 따라 불렀다는 것이다. 둘째는 12월생이라 키도 작고 몸집도 작았지만 언어나 인지 발달만큼은 1월생이나 2월생 또래 아이들 못지않았다. 그래서 아이가 골라 오는 책을 좀더 길게 읽어주고, 아이가 사용하는 언어보다 좀더 긴 문장의 말들을 의식적으로 들려주기도 했다. 좀더 자랐을 때는 아이에게 조금 어려워 보이는 과제들을 제시하며 "해보지 않을래?" 하고 도전 욕구를 자극했다. 처음에는 고개를 갸웃하기도 하고 "도와줘"를 연발하던 아이는 곧 자신의 방법을 찾아나갔다.

아이의 발달 수준보다 한 단계 앞서가는 언어 자극을 주려면, 앞으로 어떻게 발달해나갈지를 부모가 이해하고 있어야 한다. 지금 발달 상태를 정확하게 아는 것이 중요한 만큼이나 앞으로 이 아이가 어떻게 성장해갈 것인지도 어느 정도는 정확하게 예측할 수 있어야 한다.

부모의 말은 매우 중요하다. 아이의 온몸을 자극하는 베이비마사지와 같다. 우리는 나의 자극이 아이에게 도움이 되리라는 생각으로 아이의 몸을 정성껏 마사지한다. 베이비마사지를 하면서 아이와 눈을 맞추고 감정을 소통하며 대화를 나눈다. 다리 관절을 자극하는 '쭉쭉이'를 하면서 키가 쑥쑥 크기를 바라고, 배 마사지를 하면서 소화가 잘되고 장이 튼튼해지기를 바란다.

부모의 말은 아이의 발달을 다양하게 자극하는, 말로 하는 베이비마사지다. 베이비마사지를 할 때처럼 아이에게 관심을 기울이고 신경을 집중해야 한다. 아이의 마음으로 들어가서 아이의 생각을 이해하고 아이의 마음으로 표현해본다면, 그리고 구체적인 격려와 칭찬의 방법을 좀더 안다면, 아이는 신체·인지·언어·정서 측면에서 쑥쑥 자랄 것이다. 부모만큼 내 아이를 잘 알고, 내 아이에게 딱 맞는 언어 자극을 줄 수 있는 사람은 세상에 없다.

차례

프롤로그 엄마의 언어 자극이 기적을 만든다 5

CHAPTER
01

아이의 발달 단계에 따라 엄마의 말은 달라야 한다

발달 단계에 맞는 엄마의 말이란? 21

신체 신체 발달을 이끌어주는 엄마의 말하기 28

인지 인지를 자극하는 엄마의 말하기 33

언어 소통 능력을 키워주는 엄마의 말하기 38

정서 자존감을 높여주는 엄마의 말하기 43

CHAPTER
02

출생~ 12개월
세상을 처음 접하는 우리 아이, 안정감이 필요해요

출생~12개월 우리 아이의 발달 특성 51

아이를 품에 안고 "네가 태어나서 엄마는 행복해" 58

아이가 기분좋은 옹알이를 할 때 "기분이 좋구나" 63

아이가 칭얼거리며 손을 빨 때 "~하고 싶구나" 67

장재진 언어치료사가 전하는 언어 발달 tip 72

CHAPTER
03

`12~24개월`

도전하는 우리 아이, 함께하는 경험을 통해 세상을 알아가요

12~24개월 우리 아이의 발달 특성 　79

아이가 새로운 것을 시도할 때 "이렇게 했어?" 86

아이에게 기회를 주고 싶을 때 "한번 해볼까?" 90

아이가 결정내리기 어려워할 때 "○○할래, ××할래?" 95

함께하는 경험을 늘려주고 싶을 때 "같이 놀자" 100

장재진 언어치료사가 전하는 언어 발달 tip 105

CHAPTER
04

`24~36개월`

자기주장이 강해지는 우리 아이, 자립심과 성취감이 필요해요

24~36개월 우리 아이의 발달 특성 　113

처음 보는 물건 앞에서 호기심을 보일 때 "이게 뭐야?" 119

아이에게 자립심을 키워주고 싶을 때 "이렇게 해볼래?" 124

아이가 활동을 혼자 해보려고 할 때 "도와줄까?" 131

아이가 놀이를 하다가 좌절하거나 실패했을 때 "괜찮아" 137

장재진 언어치료사가 전하는 언어 발달 tip 143

CHAPTER
05

`36~48개월`

인정받고 싶어 하는 우리 아이, 규칙과 순서를 알 수 있어요

36~48개월 우리 아이의 발달 특성 149

아이가 무엇을 해야 할지 잘 모를 때 "어떻게 하면 좋을까?" 154

아이에게 과정을 알려주고 싶을 때 "차례차례 해보자" 159

아이가 부산한 행동을 할 때 "잘 들어봐" 164

일어날 상황을 준비해야 할 때 "무엇을 먼저 해야 할까?" 169

장재진 언어치료사가 전하는 언어 발달 tip 174

CHAPTER
06

`48~60개월`

계획을 세울 줄 아는 우리 아이, 혼자 많은 것을 할 수 있어요

48~60개월 우리 아이의 발달 특성 181

다른 아이 때문에 속상해할 때 "엄마는 네 편이야" 185

일의 순서를 알게 하고 싶을 때 "다음에는 뭐 할까?" 190

감정 표현을 어려워하는 아이에게 "엄마는 기뻐, 네 기분은 어때?" 195

아이의 독립심을 키워주고 싶을 때 "한번 혼자 해볼까?" 200

장재진 언어치료사가 전하는 언어 발달 tip 205

CHAPTER
07

60개월 이상

학교를 준비하는 우리 아이, 배려와 협상을 배울 수 있어요

60개월 이상 우리 아이의 발달 특성 213

배려하는 아이로 키우고 싶을 때 "고마워", "미안해" 217

아이가 결정을 어려워할 때 "제일 하고 싶은 게 뭐야?" 222

아이가 하고 있는 일을 잘 끝냈을 때 "해냈구나" 228

아이의 생각에 상상력을 달아주고 싶을 때 "만약 ~라면" 233

장재진 언어치료사가 전하는 언어 발달 tip 238

에필로그 엄마의 말이 가진 힘 243

부록 한눈에 보는 0~6세 아이들의 성장 단계표 247

CHAPTER 01

아이의 발달 단계에 따라
엄마의 말은 달라야 한다

발달 단계에 맞는 엄마의 말이란?

한 엄마가 언어치료실을 찾아와 아이의 언어가 늦어서 고민이라고 했다. 그 엄마는 20개월이 넘은 아이를 데리고 왔는데, 정말 억울하고 속상하다는 표정으로 말했다.

"아이에게 필요하다고 해서 정말 많은 언어 자극을 주었어요. 저만큼 언어 자극을 많이 준 엄마도 없을 거예요. 그런데도 아직까지 말을 못 해요."

"어머니, 궁금한 게 있는데요. 아이랑 어떻게 놀아주시고 어떻게 언어 자극을 주셨어요?"

"제가 말이 많은 편이 아니어서요. 아이에게 헤드폰을 끼워주고 온종일 동화 CD를 틀어줬어요. 옛날이야기, 명작 동화 같은 걸 들려줬어요."

"아…. 그런데 어머니, 애가 헤드폰을 잘 끼고 있지 않았을 텐데요?"

"아휴, 그랬죠. 헤드폰을 빼도 그냥 CD 플레이어를 틀어줬어요."

이 엄마는 언어 자극의 중요성이나 필요성에 대해서는 누구보다 잘 알고 있었다. 그런데 어떻게 해야 할지 막막했고 스스로 내성적이라고 여겼기 때문에 직접적인 언어 자극 대신 동화 CD라는 방법을 택했다. 말수가 없는 자신보다는 교육용으로 잘 만들어진 CD가 더 좋은 언어 자극이 되리라고 생각했기 때문이다. 하지만 안타깝게도 아이는 언어 자극만 많이 받았을 뿐, 자극이 실제적인 소통과 연결되지는 못했다.

우리는 보통 돌 전후의 아이에게 책을 읽어줄 때 쓰인 대로 그저 읽기만 하지 않는다. 아이가 이해하기 쉬운 말로 바꾸어주려고 애쓴다. 아이에게 눈을 맞추고 표정을 살펴보면서 잘 듣고 있는지, 집중하고 있는지 확인한다. 그런데 CD 듣기는 다르다. 아이 입장에서는 뭐가 들리기는 하는데 이해가 되지 않으니 소음에 가깝다. 게다가 그 소리를 날이면 날마다 온종일 들었다니, 아이에겐 말을 듣는다는 것 자체가 고통이었을 것이다.

"지금처럼 하시면 아이는 말이 제대로 늘 수 없습니다."

나는 이 엄마에게 CD 틀어주기를 잠시 멈추는 것이 좋겠다고 말씀드리고, 대신 그 시간에 직접 동화책을 읽어주거나 장난감을 가지고 놀아주라고 조언해드렸다. 자신이 택한 언어 자극 방법이 아이의 발달을 촉진하지 못했다는 것을 알게 된 아이 엄마는 약간 충격을 받은 것처럼 보였다. 그리고 나의 조언에 고개를 끄덕이며 돌아갔다.

0~6세 아이들은 신체·인지·언어·정서 발달이 한꺼번에 이루어진다. 이 시기의 아이들은 '급속'이라는 말을 붙일 정도로 매우 빠르게 성장한다. 간혹 또래보다 말이나 걷기가 이른 아이들을 만나게 되기도 하는데, 이런 아이를 만나면 우리 아이에 대한 불안감을 느끼기 마련이다.

'우리 아이만 늦은 것은 아닐까?'

'이 정도면 정상적으로 발달하고 있는 것일까?'

아이를 바라보는 부모의 걱정은 끝이 없다.

이렇듯 아이들의 성장 과정에서 놓치지 말아야 할 것은 일반적인 발달 단계다. 신체 발달만 봐도 아이는 갓 태어난 이후 누워만 있다가, 앉고 서고 걷고 뛰는 과정을 거친다. 인지적으로는 자신의 주변을 둘러싼 사물이나 사람의 이름부터 시작해서 인과관계를 익혀간다. 언어적으로도 마찬가지다. 처음엔 옹알이로 시작해서 길고 복잡한 문장을 구사하게 된다. 조금 느리거나 이른 차이가 있을 뿐이지, 아이들은 모두 일정한 순서와 단계를 거치면서 또래들과 비슷한 수준으로 성장하고 발전한다. 아이의 월령 또는 연령에 비추어 크게 뒤처지지만 않는다면 '잘 크고 있다'라고 할 수 있다.

아이들의 발달 상황은 모두 다르다. 100명의 아이가 있다면 100가지라고 할 수 있을 정도다. 어떤 아이는 12개월이 되기 전에 걷고, 어떤 아이는 15개월에 연필을 들고 그림을 그릴 수 있다. 그러지 못하는 아이들도 있다. 어떤 아이들은 '어흥, 꿀꿀, 꽥꽥' 같은 동물이 내는 소리부터 발달하고 어떤 아이들은 '경찰차, 소방차' 같은 탈것부터 언어가 트인다. 어떤 아이들은 '빵, 우유, 밥' 같은 먹는 것의 이름에는 관심이 없는데 '포클레인, 견인차'처럼 어려운 자동차 이름은 척척 말한다. 어떤 아이는 신체 발달은 24개월 전후 수준인데 인지 발달은 그에 못 미치기도 있고, 어떤 아이는 신체 발달은 18개월 정도 수준인데 언어 발달은 24개월을 넘기도 한다.

같은 연령에서도 신체·인지·언어·정서 등의 영역별로 차이가 날 수 있다는 얘기다. 그러므로 '우리 아이가 지금 어느 정도 수준에 와 있는지', '이 정도면 다른 아이들의 어느 정도 수준인지'와 같은 정확한 발달 단계를 아는 것이 매우 중요하다. 그에 따라 어떤 부분은 조금 이른 대로, 어떤 부분은 조금 느린 대로 발달 단계에 맞춰 언어 자극을 주어야 한다.

발달 단계에 맞게 언어 자극을 주려면 세 가지를 기억해야 한다.

첫째, 아이의 발달 단계가 어느 수준에 와 있는지를 파악하는 데서 출발해야 한다. 돌이 안 된 어린 아기에게 길고 어려운 문장을 말하지 않고, 6~7세 아이에게 '맘마', '까꿍'과 같은 말을 일상적으로 쓰지 않는다. 발달을 촉진하려면 아이의 발달 단계에 맞는 언어 자극이 필수로 이루어져야 하기 때문이다.

둘째, 아이의 발달은 신체·인지·언어·정서 영역이 유기적으로 이루어진다는 점이다. 한 가지 영역만을 가지고 아이의 발달을 판단하는 것은 매우 위험하다. 아이들은 신체와 인지가 발달하면서 언어가 발달하고, 언어가 발달하면서 정서와 인지 발달이 촉진되고 사회성이 발달한다. 따라서 아이의 발달에 대한 체크는 전체적인 영역에서 이루어져야 한다.

셋째, 아이의 발달을 자극하는 엄마의 말에도 순서가 있다는 점이다. 그렇다고 해서 '1 다음에는 2, 2 다음에는 3' 하는 식으로 엄격하거나 레고의 조립도처럼 순서가 완벽하게 정해져 있다는 뜻은 아니다. 그럼에도 아이의 발달 단계는 분명히 존재하므로, 발달 단계를 고려하여 적절한 언어 자극을 주어야 한다.

아이들은 성장 과정에서 다양한 문제와 과제에 부딪히게 된다. 자신의 몸을 움직이고 활동하기, 언어로 된 지시 따르기, 다른 사람들과 의사소통하기, 스스로 생각하고 행동하기 등 이 모든 것이 신체·인지·언어·정서 등 모든 영역의 발달이 이루어짐으로써 가능해진다. 아이들의 성장 안에서는 어느 것 하나도 허투루 할 수 없다.

아이의 발달과 무관한 언어 자극은 오히려 아이가 말을 어려워하거나 피하게 하는 결과를 낳는다. 언어 상담을 요청한 한 엄마가 "아이가 왜 단어를 정확히 쓰지 않고 말할까요?"라고 물어본 적이 있다.

아이가 'ㅅ'을 발음하지 못했기에 완벽한 발음을 위해서 'ㅅ'이 들어간 단어(사과, 사슴, 사다리 등)만 수없이 반복시켰다고 한다. 그래서 단어 하나하나는 잘 발음하게 됐는데 문장 속으로만 들어가면 여전히 발음이 안 된다고 했다.

그런데 이 아이는 겨우 네 살이었다. 네 살이면 'ㅅ' 발음이 다소 부정확할 수 있는 연령대다. 엄마 입장에서는 불안해서 'ㅅ' 발음을 잡으려고 애썼을 테지만, 아이의 발달을 제대로 이해하지 못했기 때문에 발생한 일이다. 그 아이는 문장을 사용할 때 'ㅅ'이 들어간 단어를 발음하기 어려운데 엄마한테 지적당할까 봐 다른 말로 에두르는 방법을 쓰고 있었다. 사과라면 '빨간색 과일', 사다리면 '올라가는 것'과 같이 말이다. 엄마한테 혼나기 싫어 대체할 말을 찾을 정도였으니 도리어 아이는 매우 똑똑했던 셈이다. 아이들이 하지 않아도 되는 고민을 하게 만드는 이런 사례는 어렵지 않게 만날 수 있다.

아이의 발달이 무엇인지, 부모의 적절한 자극이 무엇인지 '잘 몰라서' 또는 '정확하게 알지 못해서' 아이의 성장을 이끌지 못하는 것만큼 안타까운 일은 없다. 그렇다고 언어 자극을 제대로 주지 못해서 아이가 잘 성장하지 못한 것은 아닌지 죄책감을 느끼거나 불안해할 필요는 없다. 바로 지금부터 시작하면 된다.

부모라면 누구나 아이를 잘 키우고 싶어 하고, 아이에 대한 기대치를 가지고 있다. 부모는 아이들에게는 최고의 존재, 최고의 모델

링 대상이다. 아이는 부모의 언어를 통해서 자라며, 부모의 칭찬이
아이의 발달을 더욱 자극한다. 따라서 부모의 말 하나, 표정 하나가
아이의 말과 행동을 발달시킬 수 있음을 잊어서는 안 된다. 부모의
적절한 언어 자극이야말로 식물에게 주는 '햇빛, 물, 공기'와 같다.
아이의 발달 상황에 맞는 언어 자극, 지금부터 시작하자.

신체 발달을 이끌어주는 엄마의 말하기

갓 태어났을 때는 제대로 움직이지도 못하고 누워만 있던 아이가 생후 1년 남짓이 되면 혼자 걷고 곧 혼자 뛸 수 있게 된다. 젖병을 혼자 잡고 먹기도 힘들어하고 딸랑이도 제대로 쥐지 못했던 아이가 작은 두 손가락으로 물건을 집어 올리거나 버튼이나 스위치를 누르기도 한다. 이 시기 아이들의 신체 발달은 단계적으로, 급속히 이루어진다.

말이 늦었던 큰아이는 신체 발달도 늦었다. 돌잔치 때 걷기는커녕 제대로 앉지도 못했던 기억이 생생하다. 첫아이라 아이를 키워본 경험이 없었던 나는 매우 불안했다.

그때 만난 여러 선생님께 이런 나의 불안한 마음을 털어놓자 다들

'아이가 세상을 직접 만나는 것'이 중요하다고 강조하셨다. 아이 스스로 탐색하고 원하는 것을 직접 할 수 있는 신체적 기능을 갖추는 것이야말로 발달을 위한 가장 훌륭한 디딤돌이라는 얘기였다. 분야를 막론하고 선생님들의 생각은 모두 같았다. 나는 그 이야기를 듣고 혼자 앉고, 혼자 서고, 혼자 걷는 것이 중요하다는 사실을 깨달았다. 그래서 아이의 신체 발달에 조금 더 집중했다.

아이가 혼자 움직이며 탐색하고 얻는 경험치는 어느 것과도 바꿀 수 없다. '신체 발달이 늦어서 세상을 제대로 만날 수 없다면, 아이가 관심 가질 수 있는 것을 일일이 보여주면 되지 않을까?' 하고 생각할 수도 있지만, 그런 방법으로는 제한적일 수밖에 없다. 예를 들어 100일 미만의 아주 어린 아기들 또는 여러 이유로 누워만 있는 아이들에게는 눈앞에 물건을 보여주거나 소리를 내는 식으로 시선을 끌어야만 자극을 줄 수 있다. 수동적인 수용이 이루어질 수밖에 없다.

어린아이들은 입으로 가져가고 손으로 만져보며 세상과 만난다. 아이가 어릴수록 언어적 자극뿐만 아니라 환경적 자극도 중요하다. 관심 있는 사물(예를 들어 토끼 인형)이 책상 위에 있을 때 혼자서 움직일 수 있는 아이는 그쪽으로 다가가서 손을 뻗어 인형을 잡을 수 있다. 안타깝게도 혼자 움직일 수 없는 아이는 인형을 잡을 수 없을 뿐만 아니라 책상 위에 인형이 있다는 것도 알지 못한다. 단지 엄마가 가져다 보여주는 인형을 수동적으로 볼 수 있을 뿐이다. 물론 엄마가 보여주고 자극으로 제시하는 것도 중요하지만, 아이가 직접 경험하고 만나는 것이 훨씬 더 중요하다.

신체 발달에서 가장 빠른 변화를 보이는 24개월 미만의 아기들을 생각해보자. 이 시기 아기들은 대근육 발달이 놀라울 정도로 빠르게 일어난다.

0~12개월 아기들은 대근육 위주의 발달이 먼저 이루어진다. 목 가누기, 뒤집기, 기기, 앉기, 서기, 걷기 등의 신체 발달을 거친다. 그 외에도 물건을 주면 손으로 쥐기도 하고, 물건 2개를 서로 부딪쳐 소리를 내보기도 한다. 엄마 젖이나 젖병만 빨다가 점차 물건을 집어 입에 넣기도 한다. 조금 지나면 여러 가지 음식을 조금씩 씹을 수 있다.

12~24개월의 아기들은 기어서 계단을 오르내릴 수 있다. 다른 사람의 도움 없이 옷이나 모자, 양말을 신거나 벗을 수 있다. 블록 2개를 쌓아 올릴 수 있으며 종이를 찢거나 휴지, 물티슈를 뽑을 수 있다. 공을 굴리거나 고리를 끼울 수 있다.

이런 신체 발달을 바탕으로 우리는 아이의 행동을 말로 설명하면서 아이에게 언어 자극을 줄 수 있다. 예를 들어 생후 7개월 아이가 앉아서 북을 두드리면서 옹알이를 하며 놀고 있다고 가정해보자. 그러면 부모는 "우리 ○○이가 앉아 있네. 통통 소리가 나네. 북을 두드리네"와 같이 아이의 신체 놀이나 신체 발달과 관련된 언어 자극을 줄 수 있다. 생후 18개월 아이가 소파 위로 기어오르거나 소파에서 내려오는 모습을 본다면 "우리 ○○이가 올라가네. 내려가네" 하면서 아이의 행동과 관련된 언어 자극을 줄 수 있다. 그러면 아이는 자신이 지금 하고 있는 행동이 무엇인지 알 수 있다.

이 시기 아이들의 신체 발달이 중요한 이유는 신체 발달과 인지·언어 발달이 밀접한 연관성을 갖기 때문이다. 신체 발달이 느린 아이들은 대체로 언어 발달도 느리다. 30개월이 넘었는데 혼자 걷지 못하거나 36개월이 넘었는데 소근육의 발달이 제대로 이루어지지 않은 경우에는 그 외 발달상의 문제를 제쳐두고 신체 발달을 우선으로 하는 재활이 이루어지는 게 보통이다.

아이가 누워서 보는 세상과 앉아서 보는 세상은 우선 반경이 다르다. 한번 아기처럼 바닥에 누워서 주변을 둘러보라. 천장이나 양옆의 바닥만 보일 것이다. 그리고 눈앞으로 보이는, 즉 내 눈앞에서 나를 들여다보는 시선들만 확인할 수 있다. 내가 자발적으로 움직여서 세상을 보는 것이 아니라 다른 사람들이 나에게 다가와야만 소통하거나 쳐다볼 수 있다는 얘기다.

혼자서 기거나 걸어 다니면서 스스로 세상을 탐색하고 직접 경험해보는 것과 다른 사람의 힘을 빌리지 않으면 아무것도 할 수 없는 것은 차원이 다르다. 아기들의 언어적인 능력, 인지적인 능력은 호기심에서 나온다고 해도 과언이 아니다. 호기심이 생겨서 어떤 물건이나 위치로 다가가 열어보거나 눌러볼 때 그런 지적 호기심을 충족할 수 있을 뿐 아니라 "눌러", "열어", "걸어가" 등과 같은 언어 자극을 받을 수 있다.

아이의 신체가 발달할수록 우리가 자극할 수 있는 언어도 다양해진다. 아이가 혼자 움직일 수 있다면, 아이의 움직임에 맞춰서 아이의 생각을 따라 말하고 언어 자극을 줄 수 있다. 즉, 아이의 신체 발달이 중요한 이유는 그에 맞추어 언어 발달도 자극할 수 있기 때문이다.

신체 발달이 조금 늦어서 자기가 할 수 없더라도 엄마를 부르거나 손을 잡아 끄는 방법으로 다른 사람에게 도움을 요청할 수 있는 상황이라면 조금은 낫다. 그런데 자신이 할 수 있는 것이 없어서 다른 사람이 주는 자극만 받아들여야 하는 상황이라면, 또는 다른 사람이 주는 자극에도 관심이 없다면 언어나 인지 성장이 제대로 이루어질 수 없다.

부모의 언어 자극은 신체 발달이 잘 이루어질 수 있도록 아이를 칭찬하고 다음 단계로 이끌어주기 위해서도 꼭 필요하다. 잘 걷는 아이는 다음 단계인 뛰는 단계로 나아가는 데 부모의 언어 자극이 큰 힘이 된다. 부모의 칭찬과 언어적 자극은 아이의 신체 발달을 도와주며 동사를 이해하고 표현하는 데에도 도움을 준다.

인지를 자극하는 엄마의 말하기

'세 산 실험(three mountain problem)'이라는 유명한 실험이 있다. 아이들에게 높낮이가 다른 비대칭적인 산 모양을 보여주고, 관찰자는 다른 위치에 앉는다. 그러고는 아이에게 관찰자가 어떤 모양을 볼지를 물어본다. 일반적으로 이 시기 아이들은 자신이 보고 있는 모습을 이야기한다. 관찰자의 위치는 생각하지 않고, 자신이 보는 것과 같은 모양을 볼 것이라고 생각하는 것이다. 조금만 움직여도 산의 모양이 달라지는데도 말이다. 이 실험을 통해서 아이들의 인지적 특성을 볼 수 있다. 3~4세 아이들은 타인의 생각, 감정, 지각, 관점 등이 자신과 같으리라고 생각하는 특성을 가지고 있다.

부모들은 인지 영역을 계산·읽기·도형·색깔·모양과 같은 복잡한 것으로 여기고, 인지 발달은 학습적인 것 또는 나중에 해야 하는 것으로 생각하곤 한다. 하지만 인지는 아이의 발달 단계에서 매우 중요한 영역이며, 아주 어릴 때부터 발달하는 개념이다. 발달심리학에서도 가장 중시하는 부분 중 하나다.

인간의 인지가 어떻게 발달하는지에 대해서는 여러 이론이 있는데, 피아제(Jean Piaget)의 이론을 중심으로 잠시 살펴보고자 한다. 피아제는 자신의 이론을 '발달적 인식론(genetic epistemology)'이라고 불렀다. 그는 인지를 '도식'이라고 명명했으며, 도식과 일치하는 정보는 그저 도식에 동화시키면 되지만 자신이 가진 도식과 일치하지 않거나 새로운 형태의 정보를 받아들이기 위해서는 조절이 필요하다고 봤다.

예를 들어 아이가 처음 알게 된 하얗고 젖병에 담겨서 움직이는 액체는 분유였다. 분유를 먹었더니 맛이 있었고 배가 불렀다. 어느 날 엄마가 분유와 비슷한 우유를 컵에 담아 주었다. 분유와 우유는 맛이 달랐고, 젖병과 컵으로 형태도 약간 달랐지만 비슷한 느낌이었다. 처음에는 다소 거부반응을 보이기도 하고 이상하다고 생각하기는 하지만, 기존에 알고 있던 분유의 정보와 비슷하므로 '자신이 먹을 수 있는 것'으로 생각하게 된다. 일치하는 정보를 기존의 도식에 맞추는 방법이다.

얼마 후 아파서 약을 먹게 됐는데, 엄마가 담아 온 약통에는 우유와 비슷한 색깔의 무언가가 담겨 있다. 하얀 색깔과 흔들리는 액체라는 것만 보고 아이는 우유와 비슷한 것이라고 생각할 수 있다. 그런데 맛을 보는 순간 '쓰다', '맛이 없다', '이상하다'라고 느껴 '이전 것들과는 다른 것이구나' 하고 생각하게 된다. 그러면 아이는 '하얗고 움직이는 우유같이 생긴 것이 모두 우유는 아니다'라며, '저렇게 생긴 약병에 담겨 오는 것은 우유가 아닌 약이다'라고 생각할 수 있다. 그래서 이후 일시적으로 우유나 분유를 거부할 수도 있는데, 점차 약과 우유를 구분하게 된다. 하얗고 병에 담겨 있는 액체에 대한 일치하지 않는 정보를 받아들이고 조절한 것이다.

이를 바탕으로 피아제는 네 단계의 인지 발달을 주장했다. 그는 조작(operation)이라는 개념을 중심으로 단계를 구분했는데, 인지의 핵심 기능이 사고와 환경의 조작이라고 봤다.

첫 번째 단계는 감각운동기(0~2세)다. 아이가 물고 빠는 감각과 신체 발달, 운동을 통해 도식을 만들어가는 시기다. 이 시기의 아이는 눈앞에 있는 물건이 잠시 사라져도 여전히 존재한다는 대상영속성을 알게 된다. 그래서 까꿍 놀이를 좋아하고 즐기게 된다. 대상에 대한 도식이 서서히 만들어지기 시작하고 선호도도 생기는 시기다.

두 번째 단계는 전조작기(2~7세)다. 단어로만 봐도 '전조작'이란 아이가 아직 완벽하게 조작할 수 없는, '조작기 이전 시기'라는 것을 알 수 있다. 병원 놀이나 마트 놀이, 엄마·아빠 놀이 같은 역할 놀이를 할 수 있고, 언어를 사용할 수 있다. 아이가 하는 많은 놀이는 부모가 하는 것을 모방하거나 자신이 보고 들은 것에서 확장되는 정도다. 자신의 느낌과 생각이 분명하고 고집도 생기며 자기중심성을 보이는 시기다.

세 번째 단계는 구체적 조작기(7~11세)다. 전 세계적으로 학교 교육이 7세를 전후로 시작된다는 사실은 이와 무관하지 않다. 이 시기에는 논리적인 사고가 가능해 체계적인 지식을 학습할 수 있다. 하지만 조작의 대상이 눈에 보이고 만질 수 있는 구체적인 사물에 국한된다.

네 번째 단계는 형식적 조작기(11세 이후)다. 이때부터 추상적인 사고를 할 수 있으며, 일어나지 않은 일을 가정하거나 가설을 세울 수 있다.

0~6세 아이들은 피아제의 감각운동기와 전조작기를 거치며 인지를 발달시킨다. 24개월 이전 감각운동기 때의 인지 발달과는 상관이 없거나 워낙 발달 자체가 적어서 아무것도 아닌 것으로 생각할 수 있으나 젖꼭지 반사, 대상영속성, 사물에 대한 기억, 반복, 실험적인 행동, 의도적 탐색 등을 통해서 나름의 인지 개념을 만들어간다. 시각적·촉각적 자극에 반응하거나 물건을 떨어뜨려 보는 실험, 휴지를 뽑는 것 등이 모두 이 시기의 인지를 만들어가는 행동들이다. 이 시기에 맞는 인지 발달이 없으면 이후 발달이 제대로 이루어지지 않을 것임을 예측할 수 있다.

전조작기 아동은 자신이 가지고 있는 표상들을 그림이나 언어 등의 형태로 표현한다. 가장 대표적인 것이 가상 놀이다. 소꿉놀이나 병원 놀이와 같은 것으로 가상적인 사물과 상황을 실제 사물이나 상황처럼 상징하곤 한다.

이런 인지 발달의 순서를 잘 알고 있어야 아이의 전체적인 발달을 제대로 자극할 수 있다. 감각운동기의 인지는 감각을 통해서 발달한다. 시각이나 촉각 같은 오감을 통해 발달이 이루어지며, 때로는 사물을 입으로 가져가서 탐색하기도 한다. 이 시기에 물건이나 장난감을 가지고 놀 기회를 제대로 주지 않는다면, 아이의 발달을 기대하기는 매우 어렵다.

2~3세 아이에게 "네가 ~라면 어떻게 할래?", "주인공이 ○○라면 어떻게 할 것 같아?"와 같이 책이나 영화를 본 후 상대방의 입장이나 처지를 생각해보게 하는 질문은 아주 어렵다. 구체적 조작기에 가까워지는 6~7세 정도가 되어야 답할 수 있는 질문이다. 그런데도 2~3세 아이에게 이런 질문을 하고 제대로 대답하지 못한다고 해서 '아이에게 무슨 문제가 있는 건 아닐까?' 하고 고민한다면 아이의 인지 발달 단계를 정확하게 이해하지 못한 것이다.

아이의 인지 발달 단계를 제대로 이해해야만 각 단계에 맞는 다양한 언어 자극을 줄 수 있다. 우리 아이의 인지 수준이 어디에 와 있는지, 그리고 인지 능력을 키울 수 있는 부모의 말은 어디에서 출발해야 하는지를 다시 한번 생각해보는 것이 가장 먼저 할 일이다.

소통 능력을 키워주는 엄마의 말하기

언어치료실에는 다양한 언어적 어려움을 가진 아이들이 찾아온다. 그중 가장 자주 보이는 문제는 언어가 늦거나 발음이 부정확하다는 것이다.

0~6세 영유아 시기의 언어능력에서 가장 핵심이 되는 것은 '대화'와 '소통'이다. 소통의 문제는 다른 사람의 말을 들어도 이해가 되지 않을 때, 또는 무언가를 이해해달라고 말하고 싶은데 적당한 단어나 표현이 떠오르지 않을 때 발생한다. 이럴 때 어떤 아이들은 떼를 쓰거나 '응응응'이라고 표현하면서 원하는 물건을 손가락으로 가리키면서 답답해한다. 또는 친구가 가지고 노는 장난감을 나도 가지고 놀고 싶은데 "빌려줄래?", "같이 놀자", "이거 나도 하고 싶은데"와 같은 말을 제대로 하지 못해 뺏거나 울어버리기도 한다. 말은 제대로

하는데 발음이 안 되는 경우도 마찬가지다. 발음이 제대로 나오지 않으면 상대 아이가 한두 번 되묻다가 포기하기도 하고, 여러 번 말해주다가 자기가 답답해서 입을 다물기도 한다.

영유아 시기 언어 발달의 목표는 다른 사람들과 소통하는 것이어야 한다. 특히 다른 사람의 생각을 듣고 자신의 이야기를 함으로써 생각을 서로 주고받을 수 있는 것이 중요한 목표가 되어야 한다.

언어치료실에 여섯 살쯤 된 한 아이가 왔다. 그 아이는 치료실에 들어오자마자 관심 있는 쪽으로 다가갔다. 놓여 있는 장난감 중에 아이가 골라 든 것은 무당벌레, 사마귀, 거미, 모기, 파리 같은 곤충 장난감들이 들어 있는 박스였다. 실물 모형과 비슷하게 생기기도 해서 아이들이 좋아하는 장난감이다.

거기까지는 그다지 대수롭지 않았다. 그런데 아이가 무당벌레를 끄집어내며 하는 말을 듣고 나는 깜짝 놀랐다. 아이는 한 번도 막힘없이 "무당벌레는 육식성으로 주로 진딧물을 먹는다. 해충을 잡아먹는 곤충이다. 한국에는 이십팔점박이무당벌레, 홍테무당벌레, 홍점박이무당벌레, 남생이무당벌레. 칠성무당벌레 등 90여 종이 있다"라고 말했다. CD 플레이어에서 들려주는 백과사전처럼 정확한 문장이었다. 무당벌레에 대해서만큼은 나보다 더 잘 아는 것 같았다.

아이를 바라보면서 "무당벌레에 대해서 정말 잘 아는구나" 하고 칭찬했다. 그렇게 말하는 아이의 발음을 유심히 들어봤지만 별다른 문제가 발견되지 않았다. 아이는 그런 칭찬을 듣는 게 처음이 아닌 듯 웃으며 무당벌레를 박스 안에 넣었다. 나는 아이에게 물었다.

"너 이름이 뭐니? 몇 살이야? 엄마랑 뭐 타고 왔어?"

이 시기의 아이를 키워봤거나 이 시기 아이들을 본 적이 있는 사람은 잘 알 것이다. 이 질문이 5~6세 아이들에게는 그다지 어려운 게 아니라는 걸 말이다. 이보다 어린 3~4세 중에서도 대답하는 아이들이 적지 않다.

그런데 아이는 나를 잠깐 쳐다보더니 이번에는 사마귀를 집어 들었다. 사마귀에 대해서 아까처럼 백과사전 읊듯이 다시 말했다. 그런 아이를 보고 나는 혼란스러웠다. 분명히 말을 참 잘하는 아이인데 내가 하는 말을 제대로 이해했는지, 아니 제대로 들었는지 파악할 수가 없었다.

혹시 내 질문을 못 들었나 싶어서 일상적인 질문을 몇 번 더 시도했지만, 아이는 내 질문에는 별 반응을 보이지 않았고 대답도 하지 않았다. 나는 상담 시간 전까지 아이로부터 곤충에 대한 여러 이야기를 들어야만 했다. 내가 앞에서 말을 걸고 있다는 것도, 대답을 기다리고 있다는 것도 아이에겐 별 의미가 없어 보였다.

엄마와의 상담 시간에 "아이가 참 똑똑하더라고요. 그런데…"라고 했더니, 엄마가 그제야 입을 열었다. 책도 많이 보고 과학 영상도 많이 보고 영어 동영상도 많이 봤지만, 기본적인 대화는 쉽지 않은 아이라고 말이다. 다른 사람들이 부러워할 정도로, 보고 들은 것을 금방 기억해서 표현하는 아이라고 했다.

"아이가 너무 똑똑해서 언어를 고민하게 될 거라고는 생각해본 적이 없어요. 그런데 친구들과 말로 대화하거나 놀이를 할 줄을 모르고 대답도 잘 못해요. 어떻게 하면 좋을지 모르겠어요."

아이가 아무리 인지적으로 똑똑하고 어려운 말을 많이 알고 있더라도 그것을 통해서 상대방과 소통하지 못하면 소용이 없다. 특히 6세만 되면 놀이터에서도 다양한 게임의 규칙을 만들어서 놀이를 한다.

"오늘 술래잡기는 앞에서 치지 않고 뒤에서 등을 쳐야 하는 거야."

"미끄럼틀은 단 한 번만 내려올 수 있어."

또한 보드게임과 같은 놀이를 즐기기 시작하는데, 학교 다니기 이전의 아이들에게는 보드게임의 규칙을 주로 말로 설명한다.

"주사위를 굴려서 나온 숫자만큼 앞으로 가면 돼."

"미끄럼틀에 걸리면 미끄러져서 내려가는 거야."

"이렇게 그려진 칸에서는 멈추어야 해. 한 판 무조건 쉬어야 해."

"적게 떨어뜨리는 사람이 이기는 거야."

그리고 그것을 이해했는지 확인한다.

"무슨 말인지 알겠지?"

"이해되니?"

심지어 상황에 따라 놀이의 규칙이 달라지기도 한다. 초등학교

3학년을 마치고 전학한 딸이 "엄마, ○○초등학교의 공기놀이 방식이랑 여기 □□초등학교의 공기놀이 방식이 달라요. 엄청 신기해요"라고 말한 적이 있다. 이전의 방식으로 공기놀이를 했던 딸은 아이들에게 그게 아니라는 이야기를 들었을 것이고, 새로운 방식을 배운 후에야 어울려서 놀 수 있었을 것이다. 아이들의 설명을 듣고 바로 이해하지 못했다면 공기놀이에 끼지 못했을지도 모른다.

아이들은 말을 통해 소통한다. 특히 0~7세 아이들은 읽기나 쓰기라는 수단을 거의 사용하지 못하기에 오로지 말을 통해서 상대방의 생각을 이해하고 자기 생각을 표현할 수밖에 없다. 따라서 이 시기에는 부모의 말을 통해 다른 사람들과 소통하는 기술을 제대로 배워야 한다. 아기와 처음 소통을 시도하는 사람은 부모이며, 눈을 맞추고 아이의 기분을 이해하면서 적절한 수단으로 대화를 시도하는 것도 부모다.

어릴 적부터 이루어진 부모와의 대화와 의사소통이 이후 많은 사람과의 소통을 위한 첫 단추다. 소통 능력을 키워주는 부모의 도움이 없거나 적고, 언어 자극이 제대로 이루어지지 않는다면 아이의 발달도 큰 어려움을 겪을 것이 분명하다.

자존감을 높여주는 엄마의 말하기

부모들은 자기 의견을 잘 말하지 못하고 어떤 일에서나 자신 없어 하는 아이를 보면 왜 우리 아이가 이렇게 자신감이 없을까 걱정한다. 그런데 이런 자신감은 자존감에서 나오는 것이다.

주변을 살펴보면 아무리 어려운 일이 닥쳐도 잘 견뎌내고 오히려 성공의 발판으로 삼는 사람이 있는가 하면, 모든 것을 가진 듯한데 항상 '힘들다'며 쉽게 포기하는 사람도 있다. 이런 차이는 어디에서 생기는 걸까? 바로, 자존감이다.

자존감은 자신이 무엇을 할 수 있으리라는 기대, 곧 자신에 대한 믿음과 자신이 사랑받는 존재라는 신뢰에서 나온다. 자존감이란 자신이 사랑받을 만한 가치가 있는 소중한 존재이며, 어떤 성과를 이루어낼 수 있는 사람이라고 생각하는 마음이다. 성과를 이루어내지 못한다고 하더라도 자기 자신을 있는 그대로 인정하면서 격려할 수 있다.

"포기하지 않고 도전할 거야. 열심히 하면 분명 좋은 결과가 있을 거야."

아이는 유아기를 거쳐 아동기와 청소년기를 보내는 동안 수많은 과정을 반복하며 성장한다. 사람은 알고 있는 내용이라도 낯설고 어려운 상황에서는 실수를 할 수도 있는데, 이때 자신을 믿고 격려할 수 있는 힘이 바로 자존감이다. 자존감이 아이의 성공과 행복감에 지대한 영향을 미치는 키워드 중 하나로 인정받으면서 최근 더 주목받고 있다.

자존감에서 중요한 것 중 첫 번째는 작은 성공에도 크게 기뻐하고, 만약 실패하더라도 도전 과정을 칭찬받으며 이후 다시 도전할 힘을 얻는 것이다. 이렇게 하려면 부모의 지지가 가장 중요하기에, 부모는 어떻게 해야 아이의 자존감을 높일 수 있을지 항상 고민하게 된다. 그러다 보니 부모가 자녀에게 가장 큰 영향을 준다는 사실을 당연하다고 여기면서도, 한편으로는 부담이 느껴진다.

아이가 세상에 태어나 처음 만나는 사람은 바로 부모이고 가장 큰 영향력을 주는 사람도 부모다. 자라나는 아이의 행동이나 말에 대한 부모의 반응은 아이의 발달에 큰 영향을 준다. 선생님이나 다른 어른들도 있지만 이 시기 아이들에게는 부모가 절대적인 존재다. 동시에 어렵거나 힘든 상황에서 기댈 수 있는 존재이기도 하다. 따라서 아이들은 부모의 반응, 특히 부모의 말에 예민하게 반응한다. 어린아이일수록 부모의 눈치를 볼 수밖에 없다.

둘째, 아이의 말을 잘 들어주는 것, 즉 경청이 중요하다. 처음 말하기 시작하는 아이들, 자신의 의사를 표현하기 시작하는 아이들에게는 특히 그렇다. 아직 어리기 때문에 문장도 완전하지 않고 단어도 적절치 않게 사용할 수 있다. 때로는 말도 안 되는 이야기를 하기도 하고, 발음이 부정확하거나 속도도 느린 경우가 많다. 그래도 틀린 것을 지적하기에 앞서 잘 들어주어야 하고, 그것이 공감의 기본이다. 눈을 맞추면서 잘 들어주고 "그렇구나" 하면서 고개를 끄덕이는 것이다.

셋째, 충분히 잘 들어준 후에 아이가 선택하고 결정할 수 있도록 기회를 주는 것이 매우 중요하다. "이거 해"라는 식으로 부모가 절대적 지침을 내놓는 게 아니라 몇 가지 안을 제시해 아이가 선택하게 하는 것이다. 그리고 도움을 필요로 하는 상황에서는 "엄마가 도와줄 테니 언제든 도와달라고 해", "네가 한번 해보고 힘들면 아빠를 불러"와 같이 언제든 도움을 요청할 수 있도록 여지를 주는 것이 좋다.

아이가 생각하거나 계획한 대로 일이 잘 이루어졌을 때는 아이의 선택 과정을 구체적으로 칭찬해주어야 한다. "네가 생각한 대로 했더니 정말 잘됐구나", "이런 생각을 하다니 정말 대단하다", "이렇게 하면 다음에는 꼭 성공할 수 있겠네"와 같이 결과만이 아니라 과정도 칭찬하고 격려해준다.

다만, 무조건적인 칭찬은 아이의 자존감을 높이는 데 오히려 도움이 되지 않는다는 연구 결과도 있다. 결과에 상관없이 "정말 잘한다", "역시 우리 딸이 최고야", "우리 아들 멋지다"와 같은 반응은 자존감 발달에 크게 도움이 되지 못한다. 이런 무조건적인 칭찬을 받고 자란 아이는 부모가 없는 상황이나 자신과 비슷한 아이들과의 놀이, 활동 등의 상황에 놓이면 자신을 칭찬하는 사람이 없다는 점에 상대적인 박탈감을 느낄 수 있다. 칭찬이 없으면 활동하는 것 자체를 어려워하게 되는 것이다. 그리고 자신이 최고가 아니라는 것, 나보다 더 잘하는 사람이 있다는 것을 깨달았을 때 크게 실망하기도 한다.

블록 박스에 모양과 색깔을 맞추어 넣는 장난감이 있다고 하자. 12개월이 안 된 아이는 아직 모양을 구별하는 데 어려움을 느끼기 때문에 그 장난감을 조작하는 것을 보고 잘한다고 칭찬하기에는 한계가 있다. 15개월 정도가 되어야 똑같다는 개념을 어느 정도 알 수 있기 때문이다. 그 이전 연령의 아이는 색깔만 보고 노란색 네모 모양에 노란색 세모를 넣으려고 하거나 모양만 보고 파란색 동그라미 모양에 빨간색 동그라미를 넣으려고 한다. 두 가지 조건을 요구하는 것은 매우 어렵고 복잡한 상황인 것이다.

그런데 이런 상황에서 "네모 모양인데 세모를 넣으면 어떻게 해? 옆집 ○○이는 잘하던데."와 같이 말하면 아이의 자존감에 가장 큰 상처를 준다. "어머 잘 넣네. 우리 ○○이 최고"도 무조건적인 칭찬이라는 점에서 바람직하지 않다. 이런 상황에서는 이렇게 말해주는 것이 좋다.

"우리 ○○이가 노란 색깔을 보고 여기에 넣으려고 했구나. 그런데 모양이 달라서 안 들어가네. 다음에는 모양도 함께 보자."

아이가 그런 실수를 할 때, '아이가 똑같다는 개념을 알 나이이고 우선 색깔에서 똑같은 걸 찾았구나' 하고 빠르게 읽어내야 한다. 그래야만 구체적인 칭찬을 할 수 있다. 격려와 신뢰를 드러내는 부모의 말 한마디가 아이의 자존감을 높인다. 그런 환경에서 자란 아이는 어떤 과제가 주어져도 자신감이 있는 아이, 실패를 두려워하지 않는 아이로 성장하게 된다.

CHAPTER 02

출생~12개월

세상을 처음 접하는 우리 아이,
안정감이 필요해요

우리 아이의 발달 특성

신체 **목 가누기에서 걷기까지, 활동이 커져요**

아이들의 신체 발달은 목 가누기, 뒤집기, 혼자 앉기, 기어가기, 혼자 서기, 걷기의 순서로 이루어진다. 아이들마다 차이는 있으나 일반적으로 3~4개월에 뒤집기, 7~10개월에는 기기, 12개월 전후에는 걷기를 할 수 있다. 운동 기능은 관찰하기가 쉽고, 일정한 순서대로 발달하므로 부모가 가장 쉽게 파악할 수 있다.

0~12개월 아이에게 신체 발달은 매우 중요하다. 신체 발달은 환경과의 적절한 상호작용 속에서 자극받고 촉진되며, 아이가 가진 신체적·기질적 차이나 아기가 겪는 경험에 좌우되기도 한다. 아기의 운동 발달을 촉진하기 위해서는 시각적·공간적으로 편안한 환경을 제공하고 가벼운 옷차림이나 맨발 등으로 자유롭게 활동할 수 있도

록 하는 것이 좋다.

대근육 사용이 원활해져 팔다리나 몸통을 사용해서 운동할 수 있게 된다. 이 시기의 소근육 활동은 손을 이용한 활동, 즉 뻗기, 잡기, 놓기, 흔들기, 돌리기, 양손 조작 등이 대부분이다. 출생 후 약 12주가 되면 스스로 잡을 수 있게 되며, 8~10개월에 이르면 엄지와 집게손가락을 사용할 수 있게 되고, 12개월이 되면 손가락으로 쉽게 물체를 잡는다.

태어난 지 얼마 안 된 신생아의 시력은 젖을 먹으며 엄마의 눈을 응시하는 거리인 약 20㎝ 정도를 가장 잘 볼 수 있다. 이 정도 거리의 사람과 두 눈을 가장 잘 맞추며, 움직이거나 명암이 뚜렷한 사물부터 먼저 변별하기 시작한다. 청각은 매우 일찍부터 발달하며 소리의 강도에 따른 민감한 반응을 보이는데, 높은 강도의 소리에는 긴장하는 모습을 보이며 심장박동이 빨라진다. 후각에 의해 안정감을 느끼며 양육자와의 상호 작용을 시작하고, 맛에 따라 표정을 달리하거나 때로는 거부하기도 한다. 모유에서 분유로 변화를 시도할 때 거부하는 아이들을 흔히 볼 수 있다. 처음에는 반응이 둔하지만 촉각이 발달함에 따라 안아주고 쓰다듬어주는 반응을 통해서 심리적 안정감을 얻는다.

인지 표정과 행동 모방이 시작돼요

이 시기 아기들은 색깔 있는 물체나 움직이는 사물을 보면 능동적·선택적으로 주의를 기울일 수 있으며, 주의를 기울인 자극들만 명확하게 지각할 수 있다. 형태가 바뀌거나 움직이는 물체에 더 관심을 보인다. 사람의 얼굴을 오랫동안 들여다볼 수 있으며 9~12주만 되면 얼굴에 대한 도식이 형성되어 친숙한 사람과 낯선 사람을 구별할 수 있다. 8~10개월이면 엄마의 얼굴에 나타난 정서적 표정을 해석할 수 있으며, 엄마가 웃으면 함께 웃고 화낸 표정을 지으면 긴장하거나 울기도 한다. 거울 신경의 발달로 엄마나 아빠의 얼굴을 보면서 표정을 모방하기도 한다.

처음 태어나서 한 달간은 무의식적인 잡기 행동, 발바닥을 간지럽혔을 때 발가락을 쫙 펴거나 젖꼭지가 입에 닿았을 때 빠는 형태의 반사가 나타난다. 1~4개월이 되면 '엄마가 다가온다-나를 안아준다', '젖병을 들었다-분유를 타준다'와 같은 순환되는 행동이나 반복을 이해하게 된다.

이 시기 인지 발달에서 가장 중요한 것 중 하나가 대상영속성이다. 눈앞에 있던 물체가 숨겨져 보이지 않는다고 하더라도 그 물체가 없어지는 것이 아니라 이 세상에 계속 존재한다는 것을 조금씩 알게 된다는 뜻이다. 까꿍 놀이나 상자 안에 물건 넣기를 할 수 있는 것도 대상영속성 개념이 생기기 때문이다. 엄마가 눈앞에 보이지 않으면 불안해하지만 눈앞에 없는 엄마가 금방 다시 나타날 수 있다는 것을 믿게 된다.

간단한 행동을 모방할 수 있게 돼 잼잼, 곤지곤지, 도리도리, 이리와, 빠빠이 등의 행동을 모방하기 시작한다. 부모뿐만 아니라 다른 어른들, 다른 아기들의 행동도 유심히 살펴보고 비슷하게 모방한다.

물고 빠는 장난감이나 소리 나는 장난감을 좋아하며, 만지거나 굴리는 등의 활동을 하면서 논다. 앉은 자세에서 물건을 떨어뜨리거나 주워 올리기 등의 활동이 많아진다. 흔들어보거나 두드려보면서 청각적·촉각적 자극을 즐기기도 한다.

언어 몸짓과 함께하는 언어적 지시를 따를 수 있어요

보통 생후 2~3개월경부터 아기의 목에서 비둘기 소리 같은 목 울리는 소리가 나기 시작하는데, 이것을 쿠잉(cooing)이라고 한다. 목 뒤에서 나오는 'ㄱ'이나 'ㅋ'을 길게 발성하는 것처럼 들리는 소리다. 때때로 입술을 떨면서 '부르르르' 하는 소리를 내기도 하는데, 어른들은 이걸 보고 흔히 "우리 아기가 투레질을 하는 걸 보니 비가 올 모양이네"라고 한다.

아기들은 무슨 의미인지 알 수 없는 소리를 내며 옹알이를 시작한다. 간혹 아주 오랫동안 큰 소리로 열심히 중얼거리는 일도 있다. 아기들이 행복감을 느끼거나 만족할 때 내는 소리는 마치 긴 모음을 소리 내는 것처럼 들린다. 그러다가 점점 자음과 모음을 합친 형태의 옹알이로 발달하게 된다. 6개월 정도가 되면 아기의 옹알이는 성인의 말과 꽤 비슷해진다. 물론 발음이 정확하다는 것이 아니라 억양이나 패턴이 성인의 말과 비슷해진다는 얘기다.

7개월이 넘어가면서는 부모와의 상호작용이 더욱 다양해지며, 몸 짓이나 자음·모음을 섞은 혼합적인 형태의 옹알이가 나타난다. 목 소리도 커져서 부모는 아이의 옹알이 때문에 깜짝깜짝 놀라게 되고, 노래를 부르듯 다양한 억양이 생겨나므로 옹알이를 통해 아이의 감 정도 조금씩 이해하게 된다.

더 나아가 간단한 언어적 활동을 할 수 있다. '곤지곤지, 짝짜꿍, 빠이빠이' 같은 간단한 말을 듣고 손을 흔들거나 몸을 움직이면서 그 행동을 수행할 수 있다. "안 돼"라는 금지어를 했을 때 멈추는 빈 도가 76퍼센트에 이를 정도로 언어적인 지시도 조금씩 이해한다.

자신의 이름에 반응하기 시작하는 시기도 이때다. 이름을 불렀을 때 엄마를 쳐다보거나 웃는다. 그리고 거울 속 자신의 얼굴을 보고 좋아하며, 거울 속 자신에게 무어라고 말하듯 혼자서 중얼거리면서 얼굴을 쓰다듬기도 하고 만지려고 손을 뻗기도 한다. 이른 아이들은 돌이 되기 전에 첫 단어를 시작한다.

정서 여러 감정을 울음으로 표현해요

아기들은 자신의 감정을 표현하는 데 한계가 있다. 원하는 것이 있 거나 싫어하는 감정이 생길 때 울음으로 해결하려고 한다. 처음에는 울음소리가 크지 않지만, 아이가 성장함에 따라 점점 커지고 다독거 려도 잘 안 멈추는 경우도 많다. 초보 부모들은 아이의 감정을 제대 로 이해하지 못해 아이가 울음을 멈추지 않으면 어떻게 해야 할지 몰라 안절부절못하기도 한다.

배가 고프거나 피곤할 때, 졸릴 때, 기저귀가 불편할 때 아이들은 울음으로 자신의 불편함을 호소한다. 기분이 좋을 때는 배냇짓을 하거나 소리 내어 웃는 모습을 보이기도 하지만, 감정 표현 능력이 발달하지 못한 대부분의 12개월 미만 아이들은 감정을 울음으로 표현한다. 이렇듯 이 시기의 아이들은 자신의 감정이 무엇인지, 무엇 때문에 불편한지 스스로도 정확히 알지 못한다. 그러다 보니 대부분 부모는 왜 우는지 모르겠다며 속상해하고, 하다 하다 안 되면 짜증을 내기도 한다.

낯가림은 이 시기 아이들에게 대표적으로 나타나는 정서 발달 과정이다. 자신의 주 양육자 외에 다른 사람이 낯설고, 안정감을 가지지 못하기 때문에 나타나는 현상이다. 아이들은 양육자와의 관계를 통해서 정서적인 유대감이나 정서적 안정감을 찾게 되므로 이 시기 부모와의 유대 관계는 매우 중요하다. 주 양육자가 자주 바뀌거나 양육 태도가 일관적이지 않으면 아이의 정서 안정에 좋지 않은 영향을 준다.

7개월이 넘어가면서 아이들은 부모를 비롯한 다른 사람들의 반응을 보고 그들이 좋아할 만한 행동이나 웃었던 행동을 종종 한다. 예를 들어 아이가 곤지곤지하는 것을 보고 부모가 손뼉을 치면서 좋아했다면, 그 행동을 여러 번 반복하거나 계속하기도 한다. 아빠에게 '빠빠이'하는 것을 칭찬받았다면 아이는 아빠가 나갈 때 빠빠이 인사를 곧잘 한다. 상대방의 칭찬이나 격려를 받고 싶은 욕구가 반영된 것으로 볼 수 있다. 자신의 행동이 상대방에게 영향을 미친다는 것을 알게 되면서 감정적으로 안정감을 찾거나 좋아하는 패턴들이 생겨난다.

이 시기의 정서 발달은 단순하지만 정서적 안정감이라는 첫 단추를 끼운다는 점에서 매우 중요하다. 정서적 안정 없이는 제대로 된 정서 발달이 이루어질 수 없음을 기억해야 한다.

아이를 품에 안고

"네가 태어나서 엄마는 행복해"

세상에 갓 태어난 아이의 한순간 한순간은 우리에게 새로움을 안겨준다. 뱃속에 열 달을 품은 새 생명이 태어나 내 품에 안겨 있는 지금 이 순간, 부모는 엄마와 아빠 됨을 가르쳐준 아이에게 고마움을 느낀다. 살아 있는 생명에 대한 신비로움과 감사함이 마음속에 가득해진다.

이 시기 아기에게는 부모의 돌봄이 절대적으로 필요하다. 혼자서 할 수 있는 것이 거의 없고 스스로 할 수 있는 활동도 제한적이다. 아기가 한곳에서 다른 곳으로 가고 싶을 때도 부모가 안아서 옮겨주어야 한다.

아이들은 엄마의 자궁 안에서 거의 변화가 없고 편안한 환경에서 생활하다가 바깥세상을 처음 경험하면서 심리적으로도 큰 불안함을 느끼게 된다. 청각, 시각 등 다양한 감각과 다양한 사람 등 많은 자극이 아이에게 한꺼번에 다가온다. 그런 상황이라면 누구라도 심리적으로 불안해지고 당황할 수밖에 없을 것이다.

부모는 이 시기 아이에게 엄청나고 대단한 지식을 주겠다는 욕심을 부릴 필요가 없다. 아이가 이해하거나 인지하기도 어려울뿐더러 아이에게는 당장의 생존이 가장 중요하기 때문이다. '먹고 싸고 자는' 기본적인 생리 욕구가 충족되고, 생존과 관련된 주변 상황들이 안정되어야 아이는 살아남을 수 있다. 이를 도와주는 것이 부모로서 가장 먼저 해야 할 일이다.

혼자 하는 것이 아무것도 없어 보이는데도 아이들은 이 시기를 거치며 신체·인지·언어·정서적인 기반을 만들어간다. 호수 위에 떠 있는 오리가 바쁘게 다리를 움직이며 헤엄치듯이, 아이들은 겉에서 봤을 때는 아무것도 달라지는 것 같지 않지만 내부적으로는 빠른 성장 속도를 거치며 자라고 있다.

급속한 환경 변화를 겪기에 이 시기 아이들에게 가장 중요한 것 중 하나가 정서적인 안정감이다. 그래서 낯가림이나 예민함이 가장 많이 나타나기도 한다. 양육자에 대한 믿음이 이후 아이의 성장 과정에서 정서적 안정감과 연관되기 때문에 "네 옆에는 항상 엄마가 있어", "네가 부르면 아빠가 언제든지 달려갈게"와 같은 정서적 지지가 매우 중요하다.

아이는 짜증과 울음으로 자신의 불편함을 표현하는데, 아이가 울 때 부모는 즉각적으로 반응해야 한다. "무엇이 불편할까?", "무엇이 힘들까?"와 같은 부모의 반응과 적극적인 대응이 아이에게 정서적인 안정감을 준다. 눈앞에 엄마가 보이지 않을 때 불안해하고 엄마를 바로 찾는 것은 이 시기의 아기들에게 지극히 당연한 일이다. 하지만 같은 공간 안에 엄마가 머무르고 있고, 자신이 뭔가 도움을 요청해야 하는 상황에서 엄마가 달려온다는 걸 알게 되면 아이는 안정감을 느낀다. 그러면 부모에 대한 대상영속성이 생겨나 엄마가 잠시 눈에 보이지 않더라도 '내가 부르면 달려오겠구나'라고 믿게 된다.

"네가 태어나서 정말 기뻐", "네가 우리에게 와서 정말 행복해"라는 말을 수시로 들려주자. 행복하다는 말은 아이에게 안정감을 준다. 아이를 품에 안고 다독이며 사랑하는 마음을 담아서, "네가 이 세상에 태어나서 너무 기쁘고 행복해"라고 말하자. 부모를 바라보는 아이의 마음도 행복감과 안정감으로 가득해질 것이다.

이런 말을 할 때 아이의 몸을 만져주거나 얼굴이나 손, 발을 쓰다듬어주는 신체 접촉도 병행하는 것이 좋다. 아이를 바라보면서 부드러운 목소리로 말을 걸며 '네가 있어서 행복하다'라는 것을 감각적으로도 느낄 수 있도록 해주면 더욱 효과적이다. 비록 말을 이해하는 건 아니지만 엄마의 따뜻한 목소리와 자신을 어루만지는 손길, 꼭 안아주는 느낌 등을 통해서 정서적인 안정감을 가지게 된다.

출생~12개월

그것만으로도 충분히 부모와 공감하고 인정받는 느낌을 갖게 될 것이다.

아이가 혼자 누워 있고 엄마가 빨래를 널거나 물건을 가지러 잠깐 자리를 비운 사이 아이가 운다면 "엄마 여기 있어" 하고 아이에게 목소리를 들려주는 것이 좋다. 아이들은 엄마의 목소리만으로도 충분히 안정감을 느낄 수 있다. 목소리만으로는 아이가 안심하지 못하고 칭얼거린다면 엄마의 모습을 보여주거나 가까이 다가가서 확인시켜주는 것이 좋다.

엄마나 아빠는 외출했다가 돌아오면 아이에게 다정한 목소리로 "엄마 왔어", "아빠 왔어", "오늘 하루 기분은 어땠니?", "아빠는 네가 너무 보고 싶었는데" 하고 인사해야 한다. 아이들은 청각이 일찍부터 발달하므로 목소리나 억양의 차이를 금세 알아챈다. 엄마 아빠의 목소리를 자주 들려주고, 말과 함께 부드럽고 포근한 신체 접촉을 하는 것은 아이에게 정서적인 만족감을 준다.

아이가 태어난 후 육체적·정신적으로 힘들지 않은 부모는 없다. 아이를 돌보는 일에 힘을 쏟아야 하다 보니 육체적으로도 정서적으로도 매우 힘들고 어려운 시기를 거치게 된다. 육아맘·육아대디처럼 아이만 보는 것도 힘들지만, 워킹맘·워킹대디 역시 아이를 직접 돌보지 못한다는 것 때문에 죄책감과 안타까움을 느낀다. 옆집 아이는 안아만 주어도 누워만 있어도 금방 잠이 드는 순둥이라는데 우리 집 아이는 유난히 까다롭고 부모 마음을 불편하게 하는 것 같아서 무슨 문제가 있진 않은지 고민하게 된다.

그럴 때 아이를 안고 엄마 아빠의 마음을 전해보자. 아이뿐만 아니라 엄마 아빠의 마음도 행복해지고 따뜻해짐을 느낄 수 있을 것이다.

안정감을 주는 엄마의 말

'아이는 너무 어리니까 내가 하는 말을 못 알아들을 거야.'

↓

(아이의 몸을 부드럽게 만지면서 눈을 마주 보며) "네가 우리에게 와서 정말 행복해."

"기분이 좋구나"

이 시기 아이는 아직 감정을 드러내는 말도 제대로 모르고, 표현하는 방법도 잘 모른다. 무언가 기쁘고 즐거운데, 무언가 불편하고 싫은데 이것이 무엇인지 잘 모르는 것이다.

그래서 대부분 감정을 웃음이나 울음으로 표현한다. 특히 싫거나 나쁜 감정을 울음으로 표현하는데, 아이가 무엇 때문에 우는지 알 수 없어서 부모도 혼란스러워한다. 아이는 배가 고파도 울고 화가 나고 울고 속상해도 울고 젖은 기저귀가 불편해도 운다. 졸려도 울고 피곤해도 울고 몸이 아프거나 자세가 불편해도 운다. 많은 부모가 아이의 울음을 분석하고 싶다고 말할 정도로 아이의 울음에 지치고 힘들어한다.

표정과 소리만으로 이 시기 아이의 감정을 읽어내기는 무척 어렵다. 아이가 표정과 소리로 감정을 드러내지 못하기 때문이다. 이 시기 아이들은 어른들이나 좀 큰 아이같이 자신의 감정을 세부적으로 드러내기에는 표현력이 부족하다. 안타깝게도 때로 부모들은 아이의 감정을 아예 감정으로 인정하지 않기도 한다. 태어난 지 얼마 안 됐으니 감정 자체가 미성숙하다고 보는 것이다.

하지만 부모는 아이가 울거나 웃는 상황, 그리고 기분 좋은 옹알이나 짜증 나는 소리를 내는 순간, 아이의 감정을 잘 알아채야 한다. 어떤 부모도 아이의 머릿속이나 마음속으로 들어가 볼 수는 없기 때문에 아이의 감정을 알아채기 위해 노력해야 한다.

아이의 감정이 무엇인지 파악해보라는 이야기를 영유아 부모에게 하면 대부분 부모는 난감해한다.

"어떻게 해야 할지 모르겠어요."

"아이의 감정을 어떻게 하면 정확하게 알고 말해줄 수 있을지 모르겠어요."

감정 읽어주기를 시작했다고 하더라도 실제로 어떤지는 확신할 수 없다고 이야기하는 부모도 있다.

"우유를 먹고 나면 '우유를 먹어서 기분이 좋구나'라고 말은 하는데, 그게 아이의 정확한 감정인지는 모르겠어요. 기분이 좋은 이유가 우유 때문이 아닐 수도 있고 엄마의 추측일 뿐인데 괜찮을까요?"

부모라고 해도 아이의 정확한 감정을 알기는 어렵다. 그래서 단순히 추측해서 말해보는 건데, 이것을 아이의 감정이라고 할 수 있는지 부모로서는 혼란스러운 것이 사실이다. 하지만 분명한 것은 엄마가 말해주는 아이의 감정이 꼭 정답이 아니어도 된다는 것이다. 아이에게 이러저러한 감정이 '화났다' 또는 '속상하다', '기쁘다', '즐겁다'라고 한다는 걸 알려주면 그것만으로도 좋은 언어 자극이 될 수 있다. 그러면 아이는 '이런 감정을 느낄 때 기쁘다고 하는구나. 이런 표정을 지을 때 기분이 좋다고 하는구나'를 배워간다.

기분이 좋을 때 아이들은 엄마 눈을 마주치고 입술을 오물거리며 뭔가 기분 좋은 옹알이를 하는데, 이때가 아이와 소통할 수 있는 가장 좋은 기회다. 이럴 때 "우리 아기 오늘은 기분이 좋구나" 하고 아이의 감정을 읽어주면서 언어적·감성적으로 다양한 자극을 주는 기회로 삼으면 된다. 엄마의 눈빛과 표정을 보면서 아이도 다른 사람과 감정을 나누는 경험을 하게 된다.

말을 어느 정도 하는 연령이 되어도 웃음이나 울음은 아이들에게 가장 강력한 소통 수단이다. 자아의식이 생기는 3세 이후에도 아이들은 자신의 고집을 내세우기 위해 울거나 소리를 지른다. 속상하거나 짜증이 날 때, 화를 참을 수 없을 때가 그렇다. 아이의 감정을 읽는 연습이 이전 시기부터 충분히 이루어지지 않으면 나중에 아이가 좀더 자랐을 때는 감정을 제대로 파악하기가 더 어려워진다. 감정을 제대로 파악하지 못하면 떼를 쓰거나 고집을 피우는 아이에게 감정을 조절하도록 유도하는 것은 더 어려울 수밖에 없다.

자신의 감정을 공감받거나 이해받은 경험이 없는 아이들은 상대방의 감정을 이해하기도 어려워한다. 따라서 감정을 존중받고 이해받는 경험이 12개월 이전 아기 때부터 시작된다는 점을 잊지 말고 아이의 감정에 충분히 공감해주어야 한다.

아이의 감정도 감정으로 인정해주고 제대로 읽어주자. 아이의 감정 표현은 매우 어색하고 서투를 수밖에 없다. 아이의 감정을 최대한 존중하고 아이의 눈높이에서 읽어주는 것이야말로 무엇보다 따뜻한 위로이자 격려다.

감정에 잘 공감하는 엄마의 말

감정을 공감하는 말을 하면서 혹시 틀릴까 봐 걱정할 필요는 없습니다. 부모의 관심과 적절한 대응은 아이에 대한 관심에서 나옵니다. 아이의 감정을 존중하면서 마음을 읽어주세요.

🧒 (자신감 없이) "무슨 감정인지 잘 모르겠어."
🧒 (당황하면서) "뭐라고 말해야 할지 모르겠네."
↓
🧒 (상황을 살펴봤을 때 지금 아이가 기분 좋은 감정 상태라고 추측하고)
  "우리 아기 기분이 좋구나."

"~하고 싶구나"

늦은 오후, 조용히 놀고 있던 아이가 갑자기 거실을 가로질러 기어간다. 식탁 위를 쳐다보고 가만히 있다가 두리번거린다.

"우리 아기 뭐가 먹고 싶어서 왔구나. 배고팠어?"

엄마가 식탁 위에 놓인 젖병을 흔들어 보인다. 아이는 만족스러운 표정을 지으며 배가 고픈지 헉헉거리면서 엄마가 분유를 타는 동안 기다리고 있다.

아빠가 아이에게 책을 읽어주고 있다.

"어흥 어흥. 아이 무서워. 다음에는… 음머, 소가 음머. 이번에는 뭐가 나올까? 뿌우! 코끼리. 코가 길어요. 코끼리."

아빠가 읽어주는 대로 손가락을 빨며 가만히 듣고 있던 아이가 책장을 계속 툭툭 치면서 소리를 낸다.

"응, 음머가 다시 보고 싶구나."

아빠는 다시 앞으로 넘겨서 "음머 나와라, 음머" 하면서 소 그림을 보여준다. 아이는 신나서 손뼉을 치며 좋아한다.

이 두 상황은 전혀 다른 것 같지만 아이가 자신이 원하는 것을 표현했고 이를 정확하게 읽어준 부모 덕분에 아이가 만족스러워하는 장면을 보여준다. 첫 번째 상황에서는 엄마가 식탁에서 분유를 타준 것을 생각해낸 아이가 배가 고파서 식탁 쪽으로 기어갔다. 만약 아이가 식탁으로 다가간 것이 아니라 울었다고 하자. 그러면 대부분 부모는 일단 시계부터 볼 것이다. 분유나 이유식을 먹은 지 얼마 되지 않았다면 기저귀를 확인하거나 아이가 잘 시간인지 확인하겠지만, 만약 시간상으로 뭔가를 먹을 시간이라면 아마 "우리 아기 배고파서 우는구나. 얼른 분유 타줄게" 하면서 분유를 탈 것이다.

책을 읽어주는 두 번째 상황도 마찬가지다. 아이는 앞 장의 그림을 보고 싶어서 다음 페이지로 넘어가려는 아빠의 행동을 막았다. 그런데 아빠가 그 의도를 파악하지 못하고 "오늘따라 우리 아기 왜 이렇게 책에 집중을 못 하지"라거나 "자꾸 이렇게 책을 만지면 안 돼요"라고 말하면서 다음 장으로 넘겨버릴 수도 있다. 이랬을 때 아이의 반응은 어땠을까. 아빠가 자기 생각이나 욕구를 제대로 이해하지 못했으므로 짜증을 냈을 것이다.

'~하고 싶다'라는 욕구를 잘 드러내면 좋겠지만 0~12개월 아이들에겐 그것을 표현하기가 쉽지 않다. 아직 언어가 되지 않으니 말로도 자신의 욕구를 표현할 수 없고, 몸짓이나 손짓만으로 표현해야 한다. 손가락이나 손으로 원하는 것을 가리키는 것도 쉽게 할 수 있는 일이 아니다.

아무리 엄마 아빠라고 해도 아이가 무엇을 원하는지를 모두 읽어내기는 어렵다. 그런데 다행스럽게도 이 시기 아이들의 욕구는 크게 복잡하지 않다. 먹고 입고 자는 것과 같은 기본 생활과 관련된 것이거나 자기가 하고 싶은 것을 더 하고 싶어 하거나 하기 싫은 것을 밀어내거나 하는 단순한 것들, 기본적인 것들이다. 따라서 아직 욕구가 단순한 이 시기부터 아이의 행동을 보고 어떤 생각을 하고 있는지, 지금 아이가 원하는 것이 무엇인지 파악하는 연습을 해두어야 한다. 부모가 적절하게 반응해주지 않으면 아이가 욕구를 표현하는 방식이 짜증이나 울음으로 굳어지기 쉽다. 그러면 시간이 갈수록 아이가 욕구를 표현하고, 부모가 반응하는 과정이 원활히 이뤄지지 않을 가능성이 크다.

0~12개월 아이의 욕구를 알아주고 어떤 형식으로든 그 욕구를 표현할 수 있도록 격려해주면 이후 말로 하는 욕구 표현이 순조로워진다. 아이의 행동 하나하나에 의미를 부여하고, 그 행동이 나오는 이유를 찾으려면 부모가 평소 아이의 행동을 유심히 살펴봐야 한다. 아이의 행동 패턴을 세심히 파악하면 아이가 무엇을 좋아하는지, 원

하는 것이 있을 때는 어떻게 하는지를 잘 알 수 있다. 그리고 이런 신체적이거나 감정적인 욕구를 먼저 이해하고 아이에게 말해주면 된다. 그러면 아이도 이런 욕구를 표현하는 방법을 배우게 된다.

이러한 패턴이 만들어지면 부모도 아이의 욕구를 파악하기가 좀 더 쉬워진다. 잠이 올 때 베개나 이불에 눕는다거나 배가 고플 때 식탁 쪽으로 가거나 입을 쪽쪽 빤다거나 하는 것처럼 아이 나름의 욕구를 표현하는 방법이 생기게 된다. 아이가 욕구를 표현한다는 것은 그것을 받아들이고 이해해주는 상대방, 즉 부모가 있다는 뜻이다. 그럴 때 부모는 "졸리구나", "잠이 오는구나", "배고프구나", "우유 먹을까?", "맘마 먹을까?"와 같이 아이의 욕구를 읽고 말해주면 된다.

부모가 아이의 행동이나 몸짓, 소리를 통해 욕구를 파악하고 즉각 반응한다면 아이와의 소통이 갈수록 편안하고 자연스러워질 것이다.

아이의 욕구에 적절하게 반응하는 엄마의 말

아이가 지금 어떤 의도로 행동하는지를 이해하려면 평소 아이에게 깊은 관심을 가져야 합니다. 무엇을 좋아하는지, 어떤 행동을 싫어하는지 아이를 잘 지켜보세요.

아이가 책을 넘기려는 엄마 앞에서 책장을 툭툭 치며 옹알이를 하는 상황을 생각해봅시다.

(왜 자꾸 책장을 치지?) "자, 다음 장 보자."

↓

(앞 장이 보고 싶은 거구나.) "앞에 있는 어흥이가 보고 싶구나. 어흥이 다시 볼까?"

장재진 언어치료사가 전하는 언어 발달 tip

사물의 이름보다 의성어를 먼저 들려주세요

우리는 아기에게 말을 알려줄 때 처음부터 '사자', '돼지', '강아지' 이런 단어부터 가르치지 않습니다. 대부분 '어흥', '꿀꿀', '멍멍'과 같이 동물의 소리를 나타내는 말을 써서 개념을 알려줍니다. 부모들이 이렇듯 소리를 흉내 내는 말, 즉 의성어를 자연스럽게 사용하는 것은 아기가 이런 말들에 더 잘 반응하기 때문입니다. 의성어가 가진 운율적·음성적 특성에 반응하는 것이죠.

동물이나 사람, 사물의 소리를 나타내는 말을 '의성어'라고 하고 몸짓이나 동작을 나타내는 말을 '의태어'라고 합니다. 예를 들어 '어흥(사자), 꿀꿀(돼지), 멍멍(강아지)'은 동물의 소리를 흉내 낸 말, 즉 의성어이고, '뒤뚱뒤뚱(오리), 폴짝폴짝(개구리)'은 동물의 동작을 흉내 낸 말, 즉 의태어입니다.

의성어나 의태어는 우선 귀에 쏙쏙 들어옵니다. 또한 더 쉽고 편하게 발음할 수 있기에 아이가 잘 따라 말할 수 있고 잘 기억할 수 있습니다. 그래서 어린아이들에게는 사물의 이름보다 의성어·의태어를 먼저 사용해 말해주는 것이 좋습니다. 시계를 가리키며 '시계'라는 이름을 먼저 이야기하는 것이 아니라 '똑딱똑딱'이라는 소리를 먼저 이야기합니다. 검지와 중지를 붙였다 뗐다 하며 '싹둑싹둑'이라고 말하거나 종이를 자르는 모습을 흉내 내며 '가위'를 표현합니다.

언어 발달의 초기 단계에서는 이런 의성어와 의태어를 잘 활용하는 것이 언어 발달을 촉진하는 지름길입니다. 특히 0~12개월 아이들에게 사물을 알려줄 때는 의성어가 더 좋습니다. 처음에는 사자 인형이나 장난감을 눈앞에 보여주며 "어흥", 돼지 인형을 보여주며 "꿀꿀" 하는 소리를 내줍니다.

소리를 충분히 들려준 후에는 "어흥이 어디 있지?", "꿀꿀은 어디에 있지?" 하면서 찾는 시늉을 함으로써 아이가 어흥이나 꿀꿀의 개념을 알고 있는지 확인해볼 수 있습니다. 손가락으로 사자 쪽을 가리키거나 손을 뻗는 모습을 보여주면서 아는 단어가 나왔을 때 어떻게 표현하는지도 자연스럽게 알려줄 수 있습니다. 이를 '포인팅(pointing)'이라고 하는데, 포인팅 역시 아이가 잘 수행해야 할 중요한 과제입니다.

의성어를 여러 번 반복해서 들려준 후에는 아이에게 그것을 말할 기회를 주는 것이 좋습니다. 12개월 이전에는 아이가 단어를 말하기는 어려울 수도 있지만, 표현할 기회 또는 모방할 기회는 주는 것이 좋습니다. 가장 좋은 것은 아이가 그 의성어가 무엇인지 개념을 정확하게 안다고 생각됐을 때 표현해보게 하는 것입니다.

예를 들어 자동차의 소리인 "빵빵", "붕붕"을 여러 번 들려준 후에 아이가 좋아하는 버스 장난감을 보여주며, 부모가 소리를 내지 않고 기다려줍니다. 아이가 소리를 낼 때까지 잠시 기다리는 것이 중요합니다. 아이가 "빵빵"이나 "붕붕" 하는 소리를 내면 버스가 움직이는 것을 보여주며 게임처럼 여기게 하면 됩니다. 그러면 아이는 자신이 소리를 냈을 때 재미있는 반응이 나온다는 것을 알고, 소리를 내는 활동에 적극적으로 참여하게 됩니다.

12개월 전후에 아이 입에서 '엄마'와 같은 첫 단어가 나올 때까지는 부모의 언어 자극이 많이 이루어져야 합니다. 아이의 말을 기다리는 다소 힘든 과정일 수 있지만, 아이의 첫 말을 듣게 될 날이 얼마 남지 않았으니 조금만 더 노력해보세요.

눈을 맞추며 아이의 이름을 불러주세요

이 시기 아이들은 소리에 대해서, 더 나아가 이름에 대해서 반응을 보이기 시작합니다. 이것을 '호명 반응'이라고 합니다. 호명 반응은 소통을 위한 첫 단추라는 점에서 매우 중요합니다.

보통 우리는 다른 사람의 이름을 부른 다음에는 무언가에 대한 소통을 합니다. "○○야" 하고 부른 다음에 무엇을 하자거나("밖에 나가자") 무엇이 필요하다거나("양말 어디 있니?") 의견을 물어보는("너의 생각은 어떠니?") 대화를 하죠.

따라서 이름을 부르는 것은 그다음 무언가를 함께 진행하기 위한 수단이라는 것입니다. 이름을 불렀는데 쳐다보지 않는다면 소통을 제대로 시도할 수 없습니다.

아이의 이름을 부르는 목소리에 다양한 억양을 넣어 아이가 재미를 느끼도록 유도하는 방법도 있습니다. "철수야"라고 그냥 부르는 것보다 노래를 하듯이 "철~~수~~야~~"라고 부르는 것입니다. 아이는 노래처럼 리듬 있는 소리를 더 좋아하기 때문에 이렇게 부를 때 좀더 즐겁게 반응합니다.

또는 인형이나 사물의 이름을 부르고 반응하게 하는 놀이도 재미있는 언어 자극 방법입니다. 예를 들어 뽀로로, 타요, 크롱 인형을 두고 "뽀로로야" 하고 부른 뒤 뽀로로 인형이 손을 들거나 아이에게 다가가는 모습을 보여주는 놀이입니다. 아이가 사물을 인지할 수 있다면 엄마가 "어흥아" 하고 불렀을 때 아이가 사자 인형을 움직이게 해서 부르는 소리에 반응하도록 유도하는 방법도 있습니다.

아이가 이름에 반응하거나 돌아봤을 때 가장 중요한 것은 눈을 맞추고 대화를 시도하는 것입니다. "철수야" 하고 불러서 아이가 돌아보거나 엄마 쪽을 바라보면 "맘마 줄까?", "까까 먹을래?"와 같이 아이에게 대화를 시도해봅니다. 아니면 아이가 돌아봤을 때 재미있는 장난감이나 호기심을 자극할 수 있는 놀잇감을 보여주며 아이의 반응을 유도해봅니다.

이런 활동에서 가장 중요한 것은 아이의 이름을 부른 이후에는 분명히 아이의 호기심이나 반응을 끌어낼 만한 또는 활동할 만한 가치가 있는 무엇인가가 있어야 한다는 것입니다. 그렇지 않으면 아이들은 이름을 부르는 데 크게 관심을 보이지 않습니다.

건성으로 이름만 부른 것이 아니라 너와 이야기하고 대화할 준비가 됐음을 알려주는 것이 눈 맞춤입니다. 우리가 보통 서로 대화할 때 눈을 보고 이야기하는 것과 마찬가지입니다.

아이의 이름을 부르거나 대화를 시도하면서 눈을 맞추고 이야기하는 것은 매우 중요합니다. 감정을 읽어줄 때도, 욕구에 대해서 말해줄 때도, 아이를 안고 다독이며 사랑한다고 말해줄 때도, 부모는 아이와 눈을 맞추며 이야기해야 합니다. 아이와 소통을 시도할 때는 이름을 부르고 눈을 맞추어주세요.

CHAPTER 03

12~24개월

도전하는 우리 아이,
함께하는 경험을 통해 세상을 알아가요

우리 아이의 발달 특성

신체 **손으로 잡고 물건을 꺼낼 수 있어요**

12~24개월은 신체 발달이 가장 급격하게 일어나는 시기 중 하나다. 12개월이 넘어가면서 아이들의 대근육 발달은 서고 걷고 뛰는 수준에 이르게 된다. 아직은 불안하지만 여러 가지 활동을 하는 데 무리가 없다. 다만 걷기 시작하는 시기는 아기에 따라서 다르다.

12개월 이전부터 15개월 사이에 걷기 시작하는 아이가 가장 많지만 그 시기는 매우 다양하다. 걷는 것이 능숙해지면서 몸의 균형을 잡는 능력도 발달해 이른 아이는 18개월이 되면 뛸 수도 있다. 24개월이 가까워지면 손을 잡아주면 한 층씩 양발을 맞춰서 계단을 오를 수 있다(그러나 계단 오르기는 아직 힘들어하는 아이가 많고, 특히 계단을 내려오는 것은 더 무서워해서 제대로 수행하지 못한다). 발 앞에 놓인 공을 차거나 양발을 맞춰 깡충 앞으로 뛰는 동작도 할 수 있다.

손가락의 힘도 세지고 소근육 발달도 점차 섬세해진다. 12개월이 넘어서면 엄지손가락과 집게손가락 끝으로 물체를 잡을 수 있고 양말이나 모자를 벗을 수 있다. 눈과 손의 협응이 가능해지면서 손에 연필이나 색연필 등을 쥐여주면 간단한 모양을 그릴 수 있다. 또 숟가락을 쥘 수 있게 되면서 혼자 먹으려고 고집을 피우기도 하는데, 아직은 입으로 들어가는 것보다 흘리는 것이 더 많다. 큰 공을 손으로 잡을 수 있고 공을 굴리는 활동도 할 수 있다. 2개에서 5개 미만의 블록을 쌓아 올릴 수 있다.

인지 간단한 상징 놀이를 할 수 있어요

이 시기의 아이는 하고 싶은 것이 많아진다. 신체 발달과 함께 환경, 감각, 운동 기능이 좋아지면서 인지도 함께 발달하게 된다. 혼자서 이것저것 탐색하면서 놀기보다는 자신의 놀이에 여러 가지를 개입시키기를 좋아한다. 부모들은 아이가 요구하는 것에 반응하고, 아이가 학습하는 데 필요한 격려와 지지를 해주면 된다. 소꿉놀이를 하면서 엄마 아빠에게 컵을 건네주기도 하고, "밥 먹어"라고 말하며 장난감 냄비에 담긴 모래를 숟가락에 담아 건네는 시늉도 한다.

걷기에 능숙해지기 때문에 엄마와 함께 집안일을 할 수 있다. 집에서 일어나는 일을 따라 하면서부터 집안일에 흥미를 많이 갖게 되는데, 집안일을 함께하는 것은 아이에게 좋은 영향을 준다. 이런 사회적 놀이 속에서 아이의 인지가 성장할 수 있다.

12개월을 넘어서면서 아이들은 완전히 감추어진 물건을 찾아낼 수 있다. 대상이 눈에 보이지 않아도 존재한다는 사실을 아는 것이다. 15개월을 전후로 아기들은 자신이 원하는 대상이 없어지면 없어진 곳에서부터 찾는다. 만약 대상이 이동하는 과정을 지켜봤다면 눈에 띄지 않더라도 찾을 수 있지만, 이동 과정을 실제로 보지 못한 경우에는 짐작해서 찾아내는 것을 어려워한다.

18개월쯤 되면, 전에 한 번도 해보지 못했던 새로운 행동 유형을 찾아내는 능력이 생기기 시작한다. 아기들은 새로운 물건이나 상황을 접하면 적극적으로 모험을 시도한다.

자신의 행동이 미치는 영향이나 타인의 행동을 관찰하는 데 관심이 생기고 다양한 탐색 활동을 시작한다. 타인의 행동을 모방하는 것이 놀이의 일부가 되며, 지금 관찰한 행동을 즉시 행동으로 옮기지 않고 기억해두었다가 시간이 지난 후 모방할 수도 있다. 예를 들어 엄마가 바닥을 걸레로 닦는 행동을 지켜봤다가 나중에 엄마를 흉내 내어 옷이나 수건을 가지고 방바닥을 닦는 행동을 하기도 한다.

어른이 도와주면 싫어해서 심하게 화를 내거나 떼를 쓴다. 이 시기 아기들이 서랍이나 싱크대 문을 열어 물건들을 꺼내거나 장난감으로 집을 어지럽히는 것은 지극히 당연한 행동이다. 인지 발달을 위해 교재나 교구를 따로 마련해주기보다 일상적인 환경에서 스스로 놀며 자연스럽게 배울 수 있도록 지켜보고 격려해주어야 한다.

생후 12개월 이전부터 아이들은 타인과 의사소통하기 위해 단어에 흥미를 보이고 그 뜻을 점차 이해하게 된다. 돌이 지나면서부터 '엄마', '아빠', '맘마' 등 한 단어를 사용해서 말을 하기 시작한다. 특정한 사물 또는 행동과 단어를 연결하는 것을 배워 '빠빠이'라고 말하고 손을 흔들 수 있다.

이 시기의 아기는 보통 10개 이상의 단어를 알게 되며, 하나의 단어를 가지고 자신의 의사를 표현한다. 아기가 말하는 하나의 단어는 단어 자체의 의미뿐만 아니라 상황에 따라서는 문장과 같은 의미를 나타내기도 한다. 예를 들어 아기가 "바나나"라고 말했다면 '바나나 먹고 싶어요', '바나나 주세요', '저기 바나나가 있어요'라는 의사를 표현한 것으로 볼 수 있다. "엄마"라고 말했다면 엄마 자체를 가리키는 것이기도 하고, 엄마가 자신과 떨어져 있을 경우엔 '엄마 이리와', 큰 소리에 놀랐을 경우는 '엄마 무서워', 배가 고픈 경우라면 '엄마 맘마 줘' 등 다양한 표현이 된다. 아기가 처음에 사용하는 단어는 주로 '엄마, 아빠, 할머니, 할아버지'와 같이 가족을 가리키는 것이거나 '동물, 자동차, 음식, 신체 부위' 등 친숙한 사물 또는 대상이다.

24개월이 가까워지면서 두 단어를 연결해 짧은 문장을 만들어 사용할 수 있고, 명사뿐만 아니라 동사나 형용사도 조금씩 사용한다. 예를 들면 "엄마, 맘마", "엄마, 타", "물 먹어", "집 가" 등이다. 이렇게 두 단어를 조합하기 시작하면서 언어 표현 능력이 급격히 발달하며,

이해하는 어휘도 급속하게 늘어난다.

이 시기 아이들이 많이 보이는 대표적인 언어 표현 양상이 '과잉 확장'이다. 과잉 확장은 모든 여자를 보고 "엄마"라고 하거나, '멍멍이'라는 말을 알고 난 후에는 고양이나 송아지 등 네발 달린 동물 모두를 "멍멍이"라고 하는 것을 말한다. 이런 현상은 모양이 지각적으로 유사하거나 공통성이 있을 때 더 잘 나타난다. 과잉 확장은 24개월이 지나면서 여자 어른들이 '엄마, 할머니, 이모, 고모' 등으로 구분된다는 것을 알게 되고 네발 달린 동물들의 이름을 알게 되면서, 즉 어휘력이 증가하면서 점차 사라진다.

정서 내 감정을 적극적으로 표현할 수 있어요

정서란 공포, 애정, 기쁨, 분노, 질투 등 어떤 상황에서 나오는 분화된 감정을 말한다. 정서는 생후 2년 동안 대부분 분화되며 이후에는 성인에게서 볼 수 있는 대부분의 정서가 나타난다.

이 시기의 여러 감정 중 공포는 대상이 너 넓어져시 혼자 남겨지는 것, 놀라운 소리, 어두운 곳 등을 무서워한다. 또 개, 고양이 등 동물을 무서워하는 것으로도 확대된다. 공포의 감정은 직접 경험을 통해서 학습되거나 부모나 성인이 무서워하는 것을 모방하는 경우가 많다.

애정은 부모와의 관계 또는 자신이 늘 가지고 다니는 대상(인형, 이불, 장난감 등) 중 하나에 대해 형성된다. 어디를 가든지 그 물건을 가지고 가며, 잘 때나 우유를 먹을 때 끌어안고 지냄으로써 애정을 표현한다. 이런 상태는 18개월에서 24개월 사이에 절정에 달한다.

이 시기 아이들은 기쁨이라는 감정을 행동으로 표현하는데 주로 미소나 웃음을 사용한다. 몸을 흔들거나 소리 내어 웃고 엄마를 꼭 안는 동작으로 기쁨을 표현하기도 한다. 24개월쯤 되면 소리를 지르고 손뼉을 치며 웃는다든지 하는 식으로, 훨씬 더 적극적이고 다양한 형태로 기쁨을 표현한다.

분노는 엄마와의 분리에 대한 반응으로 나타나기도 하고, 먹고 싶거나 안기고 싶거나 잠을 자고 싶을 때 욕구가 제대로 채워지지 않은 경우에도 나타난다. 일시적인 폭발 행위, 떼쓰기, 침묵, 고집부리기, 말 안 듣기 등으로 감정을 표현하는 아이들도 있다.

18개월경의 아기는 부모가 다른 아기를 안고 있거나 예뻐해 주면 엄마에게 달려와서 자기를 안아달라고 하거나 우는 것으로 질투 반응을 나타낸다. 그리고 아프거나 졸리거나 배가 고프거나 무섭거나 화가 날 때 등 다양한 상황에서 울음을 터트린다. 아기의 울음은 정서적 표현인 동시에 의사소통 수단이다. 1세 전후에는 졸리거나 배고픈 경우와 같이 기본적인 욕구가 채워지지 않을 때 울지만, 2세 전후가 되면 도움을 청하기 위해 또는 부모의 관심을 사서 자기가 원하는 것을 하기 위해 거짓으로 울기도 한다.

이 시기 아기는 호기심과 모험심이 왕성하다. 새로운 행동에는 위험이 따를 수 있으므로 잠시도 눈을 떼지 말고 지켜봐야 한다. 그러나 위험하다고 해서 아기의 자율적인 시도를 "하지 마" 하고 금지하기만 한다면, 아기는 점차 스스로 탐색하는 일을 하고 싶어 하지 않거나 심하게 집착할 수도 있다. 주변 환경을 자유롭게 탐색하고 운동할 기회를 최대한 만들어주도록 한다. 그런 경험을 통해서 아기는 위험을 스스로 판단하는 힘을 갖추어간다.

아이가 새로운 것을 시도할 때

"이렇게 했어?"

"에고, 이게 뭐야!"

이 시기 엄마들은 바쁘다. 이유식도 준비해 먹여야 하고, 아이의 활동 반경이 넓어지기에 돌보는 일이 보통이 아니다. 아이가 자는 줄 알고 잠시 나가 저녁 식사를 준비하다가 방에 돌아와 보면, 아이는 어느새 일어나 뭔가를 하고 있다. 일어나서 엄마를 찾으며 울지 않아 참 기특하다고 생각했는데, 아이가 조용히 해놓은 일을 보니 "헉!" 소리가 절로 나온다. 침대맡에 둔 각티슈와 물티슈를 일일이 뽑아놓은 것이다. 물티슈는 이미 다 뽑아놓았고 각티슈도 반 이상 뽑은 것 같다.

엄마의 인기척을 느끼고 돌아보는 아이의 표정은 '와, 재미있다', '이건 신세계다' 하는 표정이다. 절대 자기가 잘못했다고 생각하지 않는다. 그런데 엄마의 표정을 보고 잠시 갈등한다. 엄마 눈이 동그래지고 화가 폭발하기 직전인 것처럼 보이기 때문이다. 아이에게는 재미있고 신기한 일이지만 엄마에게는 한숨이 나오는 상황이다.

화장지 뽑아놓는 것과 비슷한 상황이 서랍 뒤지기다. 아이들은 장롱이나 장식장, 책장 등의 서랍을 열어서 그 안에 있는 것들을 다 꺼내놓곤 한다. 엄마는 난장판이 된 방 안 풍경에 기겁을 하지만, 아이는 마냥 놀랍고 신기하다는 듯이 한창 몰두해서 재미나게 논다.

이 시기의 아이들은 적극적으로 모험을 시도한다. 아이들의 눈에는 모든 것이 신기하고 궁금해 보이기 때문이다. 게다가 그런 일들을 할 정도로 신체도 발달하고 인지도 발달했으니 아이의 종횡무진은 갈수록 거침이 없어진다. 어른들에게는 장난 또는 사고를 친 것처럼 보일 수도 있다. '저게 뭐라고 저렇게 푹 빠져 있나' 하는 생각이 들기도 할 것이다. 하지만 아이에게는 모험이고 도전이며 주변의 사물을 인식하고 받아들이는, 세상을 탐색하는 과정이다. 그러므로 아이들이 이런 장난을 치거나 탐색을 할 때는, 나칠 위험이 있는 경우가 아니라면 이해해주고 격려해주는 것이 좋다.

이 시기에는 감각을 자극하는 것도 매우 중요하기에 부모로서는 다양한 장난감이나 좋은 교구들에 대한 욕심이 생기기도 한다. 영유아 장난감이나 교구들이 이 시기 아이들에게 초점을 맞추는 것도 그 때문이다. 촉감을 자극하는 것도 있고, 예쁘고 화려한 그림으로 꾸며진 카드나 책들도 있다. '○○ 능력을 자극할 수 있다', '○○ 능력을 키우는 데 도움이 된다'라는 말을 들으면 모두 탐이 난다. 경제적인 여건만 허락한다면 다 사주고 싶어진다.

이런 교구들이 좋지 않다는 건 아니지만, 일상적인 사물들이 오히려 감각을 자극하는 데 더 좋은 수단이 될 수 있다. 아이의 모험과 호기심이라는 차원에서 그렇다. 아이들은 부모가 사물들을 어떻게 다루는지 가만히 지켜본다. 그러면서 '나도 저렇게 하고 싶다', '이렇게 하면 할 수 있을 것 같다', '엄마가 저렇게 하니까 열리네'와 같은 생각을 한다.

특히 아이의 눈에는 집에 있는 모든 사물이 모험과 탐구에 좋은 수단이다. 엄마가 서랍을 여는 모습, 아빠가 양말을 꺼내는 모습 등을 직접 봐왔기에 더더욱 그렇다. 아이는 부모처럼 해보고 싶다는 모방 욕구를 가지고 있기에 집 안의 사물들을 가지고 놀거나 엉뚱한 놀이를 하는 것을 좋아한다. 그러니 아이들이 다소 엉뚱하고 장난스러운 놀이를 하더라도 모험과 탐구로 인정하고 존중해주어야 한다.

아이는 서랍장의 양말을 마구 꺼내 집어 던지면서 놀기도 하지만, 때로는 엄마처럼 양말을 차곡차곡 놓기도 하고 아빠의 큰 양말과 자신의 작은 양말을 구분해보기도 하면서 논다. 양말을 머리에 써보거나 팔이나 발에 껴보기도 한다.

그런 활동들을 했을 때 엄마가 어떻게 말을 걸어 언어 자극을 줄 것인가가 중요하다.

"와, 오늘은 발에도 끼웠네."

"오늘은 장갑이 됐네."

이처럼 아이가 한 행동을 칭찬하고 격려해주어야 한다. 그러면 아이는 또 다른 상황에도 도전해볼 수 있다.

아이가 하는 모든 행동에 무조건 "정말 잘했다", "훌륭하다"라고 할수는 없다. 그러는 게 옳은 것도 아니다. 하지만 아이가 어떤 행동을했을 때 "이만큼 했어?", "다음에는 ○○한 것 더 해볼까?"라는 부모의 말과 태도는 매우 중요하다. 아이는 이런 부모의 응원과 지지를받을 때 다음 모험을 준비할 수 있다.

사소한 성공도 아이가 잘 자라고 있다는 충분한 증거가 된다. 아이들이 호기심을 발휘해서 작은 성공을 해냈다면 "잘했어", "이렇게 했어?" 하고 축하하고 격려해주어야 한다. 그래야 다음 활동들도 의욕적으로 도전할 수 있다.

아이의 도전을 격려하는 엄마의 말

- (아이의 상태에 대해서 무조건 화를 내거나 짜증을 부리며) "이게 뭐야!"
- (진행이나 결과와 상관없이 무조건 칭찬하며) "진짜 잘했다."

↓

- (아이의 행동을 관찰하며) "~했구나?"
- (아이의 의도를 파악하며) "이렇게 하려고 했어?"
- (도전 가능한 다음 단계를 생각하며) " 다음에는 ~하자."

아이에게 기회를 주고 싶을 때

"한번 해볼까?"

식당이나 집에서 아이가 무언가를 먹는 모습은 정말 사랑스럽다. 처음 이유식을 시작할 때는 먹는 것보다 흘리는 게 더 많았는데, 숟가락질을 하던 손으로 집든 어느덧 혼자서도 잘 먹는 모습을 보면 기특하기도 하고 대견하기도 하다.

그런데 아이들이 흘릴까 봐, 숟가락질을 제대로 못 할까 봐 모든 것을 대신 해주려는 엄마들이 있다. 아이가 숟가락을 잡으려고 하면 그 손을 치우며 "엄마가 해줄게", "우리 아기 흘리면 안 돼요" 하면서 떠먹여 주기도 한다. 입고 있는 예쁜 옷을 버릴까 봐 또는 입으로 들어가는 것보다 흘리는 것이 더 많을까 봐서다. 아이에게만 맡겨두면 제대로 못 먹어서 영양상으로 부족하지 않을까 걱정하는 엄마도 있다.

간혹 보면 아이를 무조건 안고 다니는 아빠들도 있다. 처음에는 아

12~24개월

이를 정말 사랑해서 놓지 못하는 아빠라고 생각했는데, 막상 이야기를 들어보니 다른 이유가 있었다. 바닥에 내려놓으면 다 입으로 가져가는 것도 불안하고, 바닥을 돌아다니다가 어디에 걸려서 다칠 것도 걱정이 된다는 것이다. 더러운 것을 만지는 것도 싫고 아이가 위험해지는 것도 싫어서 차라리 힘들어도 좋으니 안고 다니겠다는 것이다.

아이를 걱정하고 염려하는 마음은 부모라면 누구나 같다. 아이가 다치지 않고 항상 안전하길 바라는 마음은 충분히 이해가 간다. 하지만 이 시기 아이에게 중요한 것은 잘 해내는 것, 즉 성공이 아니라 스스로 해보는 것이다. 해볼 기회조차 주지 않는다면 아이는 성공과 실패의 경험을 할 수 없다. 아이가 걸음마에 성공하기 위해서 얼마나 많이 넘어지는가. 처음부터 잘 해내는 아이도 없고, 실패하지 않고 성공하는 아이도 없다. 어떤 상황에서 혼자 해본 경험이 없으면 나중에 스스로 해내는 성공 경험도 있을 수 없다.

아이가 소파 위에 올라가 있다. 엄마가 봤을 때는 혼자 내려가 보고 싶은데 좀 위험한 것 같아 엄마 눈치를 보는 듯하다. 이럴 때 엄마가 다가가서 손을 잡아주면서 할 수 있도록 기회를 주는 것이 매우 중요하다. 아이에게 "한번 해볼까?" 하고 말을 걸며 도전의 기회를 주는 것이다.

점심 식사로 국수를 먹고 있다. 국수를 떠먹여 주고 있는데 아이가 포크를 들었다. 아이에게 포크질은 쉽지 않다. 심지어 집어야 할 것이 국수라면 더 어려울 수밖에 없다. 그런데 포크를 드는 걸 보니 국수를 자신이 집어 먹고 싶어 하는 것 같다. 이럴 때도 아이에게 기회를 주는 말이 필요하다. "흘리니까 안 돼요"가 아니라 "한번 해볼까?"라고 하면서 국수 그릇을 아이 앞으로 밀어주는 것이다.

아이가 직접 해보도록 일상에서 다양한 기회를 주는 것이 좋다. 물론 처음에는 부모의 도움이 필요할 수도 있다. 기회를 준다고 해서 무조건 '너 혼자 해봐'라고 미룰 수는 없다. 처음에는 아이의 손을 잡아준다거나 포크질을 도와준다거나 하는 약간의 도움은 당연히 필요하다. 이런 기회를 잡아서 도전해본 아이들은 다음 기회를 접했을 때 좀더 능숙하고 자연스럽게 과제를 수행할 수 있다.

기회를 주는 말하기에서 중요한 것은 아이의 생각이나 감정을 엄마가 정확하게 읽어내는 것이다. 이것을 '싱킹 플레이스(thinking place)'라고 한다. 말이 능숙하지 못한 아이들이 하는 행동이나 능숙하지 않은 몇 마디 말을 듣고 아이의 생각을 이해할 수 있어야 한다. 아이가 신발을 가리키면서 엄마를 잡아끄는 행동을 하는 걸 보고 '밖에 나가자는 거구나'라고 이해하는 것, 냉장고를 가리키면서 컵으로 마시는 시늉을 하는 걸 보고 '물을 마시고 싶다는 거구나'라고 이해하는 것이다. 놀이 상황에서도 마찬가지다. 아이가 자동차를 가지고 놀다가 하늘을 날아가는 시늉을 하는 걸 보고 '아, 비행기를 가지고 놀고 싶구나', '비행기 흉내를 내는구나'라고 이해할 수 있다. 이

12~24개월

때 "와, 비행기가 잘 날아가네"와 같이 말해주었다면 싱킹 플레이스를 제대로 이해하고 활용한 것이다.

이렇게 아이의 생각을 잘 파악해서 적절하게 말할 기회를 주거나 행동할 기회를 주는 것은 아이의 발달에 매우 중요하다. 부모가 자신의 싱킹 플레이스를 제대로 파악하지 못했다고 생각되면 아이의 고집은 늘어날 수밖에 없다. 때때로 성격이 급하거나 자신이 이해받지 못했다는 생각에 좌절감이 큰 아이들은 금방 울어버리기도 하고 부모가 난감해할 정도로 떼를 쓰기도 한다. 따라서 부모는 아이의 생각이 어느 방향으로 향하는지 잘 파악해야 한다.

'아이가 ○○을 할 기회를 얻고 싶어 하는 순간'이 부모가 이런 말을 걸 수 있는 가장 좋은 순간이다. 아이에게 기회를 줄 때 어떤 것에 대한 기회를 주어야 하는지, 언제 기회를 주어야 하는지에 대한 답이 아이의 싱킹 플레이스를 얼마나 잘 파악하느냐에서 나온다. 아이의 생각을 잘 파악해야 아이의 발달 과정에서 최적의 타이밍에 적절한 기회를 줄 수 있기 때문이다. 이 모든 것은 아이에 대한 관심에서 나온다. 아이에게 기회를 잘 주는 부모가 아이의 자발성과 자존감을 키워줄 수 있다. 적절한 기회를 잘 얻은 아이들은 지금보다 좀더 어려운 다음 과정에 도전할 수 있고, 부모를 신뢰하기에 그 기회도 얻을 수 있다고 믿게 된다.

준비되지 않은 아이에게 억지로 기회를 줄 수는 없다. 아직 걸을 준비가 되지 않은 아이에게 소파에서 뛰어내려 보라고 이야기할 순 없고, 바나나도 잘 못 먹는 아이에게 고기를 씹어 먹으라고 할 수는 없다. 기회를 주려면 아이가 준비되어 있는지, 얼마나 할 수 있는지 등 아이의 발달 상황을 유심히 지켜봐야 한다.

그것을 밑바탕으로 아이가 무엇을 원하는지, 어떤 과제를 수행하고 싶어 하는지, 무엇에 도전하고 싶어 하는지 등 아이의 싱킹 플레이스를 정확히 파악해서 "○○해볼까?", "한번 해볼까?"와 같은 말로 도전을 지지해주는 것이 좋다. 처음에는 아이를 도와주더라도 아이가 스스로 해볼 기회를 충분히 주어야 한다.

기회를 주는 엄마의 말

아이의 싱킹 플레이스를 정확하게 파악하고 무언가를 하고 싶어 하는 순간을 잘 포착해야 합니다.

- (무조건 금지하며) "하지 마. 안 돼!"
- (무조건 다 해주려고 하며) "엄마가 다 해줄게."

↓

- (도전할 수 있도록 기회를 주며) "한번 해볼래?"

12~24개월

" ○○할래, ××할래?"

더운 여름날, 아빠와 놀이터에서 놀다 들어온 아이의 얼굴에는 땀이 흐르고 있다. 함께 들어온 아빠는 물부터 한 컵 마시고 소파에 기대았았다. 아이도 분명히 목이 마를 것으로 생각되지만 엄마는 아이가 '물'이라는 말을 할 때까지 물을 주지 않겠다고 다짐했다. 24개월이 다 되어가는데도 제대로 할 줄 아는 말이 거의 없었기 때문이다.

엄마는 손에 물컵을 들고 아이를 보며 말했다.

"이게 뭐야? 뭔지 말해야 줄 거야. 뭐 달라고 해야 해?"

하지만 아이는 이런 상황을 여러 번 겪은 탓인지 입을 열지 않았다. 몇 번 떼를 쓰던 아이는 입을 꼭 다물고 엄마에게 아무 말도 하지 않았다. 그리고 물을 마시는 대신 조용히 자기 방으로 들어갔다.

그 상황은 4시간이 넘게 이어졌다. 엄마는 1시간에 한 번은 방으로 가서 아이에게 물컵을 보여주며 "물"이라고 말하라고 했다. 하지만 아이도 고집스러운 얼굴로 더는 말을 하지 않았다. 엄마는 아이의 모습에 점차 걱정이 되기 시작했다.

'분명히 목이 마를 텐데. 밥은 한 끼 안 먹더라도 물은 먹어야 할 텐데…'

어떻게 해야 할지 고민이 이어졌다. 나중에는 따라 해보라고 하며 엄마가 먼저 "물"이라고 발음했지만 아이는 굳게 입을 다물었다. 결국 엄마가 졌고, 아이에게 물을 건넬 수밖에 없었다. 아이는 그 자리에서 물을 두 컵 넘게 마셨다고 했다. 엄마에게 고집을 피우고 있었을 뿐, 아이는 분명히 목이 말랐던 것이다.

어느 지방에서 열린 언어능력과 관련된 강의에서 한 엄마가 무척 심각한 표정으로 들려준 이야기다. 이런 상황에서 어떻게 하면 좋으냐고 묻던 그 엄마의 표정이 아직도 잊히지 않는다. 아이가 말이 늦되는 것 같은데 어떻게 해주는 것이 좋을지, 게다가 아이와 자신의 사이도 나빠질까 봐 걱정이 태산이었다.

아이의 답답한 마음도 이해가 되고 엄마의 속상함도 충분히 이해가 된다. 그런데 엄마가 놓친 게 하나 있다. 아이에게 '물'이라는 단어를 말하라고 강조했다는 점이다. '물'이라는 말을 듣기 위해서 꼭 "이게 뭐야? 뭐 달라고 해야 해?"와 같은 표현을 쓸 필요는 없었다. 물론 '물'을 "물"이라고 따라 하는 것은 모방이지 자발적인 말은 아니다. 하지만 아직 준비가 되지 않았다면 아이에겐 "물"이라는 말을 강요하는 것 자체가 엄청난 스트레스였을 것이다. 그리고 아이도 자기 생각이 있고 고집이 있다 보니 엄마의 강요를 받아들이지 않았을 것이다.

그때 엄마에게 말씀드린 솔루션은 "아이에게 말을 듣고 싶다면 아이의 발달 단계를 잘 생각하세요. 모방을 해야 하는 시기에는 모방을 하게 하고, 아이가 자발적으로 말을 할 수 있는 시기라면 말을 할 수 있도록 유도하세요"라는 것이었다. 아이의 현재 언어 수준을 정확히 판단하지 못한다면 아이에게 말을 거는 것이 제한적일 수밖에 없고, 아이에게 높은 수준의 말을 강요할 수밖에 없다.

아이가 아직 스스로 할 수 있는 말이 제한적이고 스스로 말하기 자체를 매우 어려워한다면 "물 먹을까, 우유 먹을까?"와 같이 선택형으로 물어보는 것이 가장 좋다는 조언도 드렸다. 결국 아이가 선택해서 '물'이든 '우유'든 말을 했다는 상황이 매우 중요하다. 그러고 나면 아이는 다음 상황의 소통을 시도할 수 있을 것이다.

한편, 부모에게 말에 대해 강요나 지적을 받은 아이들은 아무리 어리다고 해도 입을 닫고 만다. 그러므로 아이와 엄마의 적절한 소통을 위해서는 아이가 대답할 수 있는 기회 또는 말할 수 있는 상황을 만들어주어야 한다.

아이들에게 선택의 경험은 언어뿐만 아니라 그 외 영역의 발달 과정에서도 매우 중요하다. 아이는 자신이 무엇을 하고 싶은지, 어떻게 하고 싶은지 정확하게 알지 못하기 때문이다. 게다가 자신이 하고 싶은 것을 말로 어떻게 표현해야 할지도 잘 모른다. 그만큼 아직 언어가 부족하고, 자신의 언어 그릇 안에 많은 단어를 가지고 있지 못해서다. 때때로 부모들도 아이의 반응만으로는 무엇을 원하는지 제대로 파악하지 못할 때가 있는데 그럴 때는 아이가 선택하게 하는 것이 가장 좋다.

아이에게 과일을 먹이고 싶을 때 보통은 "우리 아기, 사과 먹자" 하고 사과를 깎아주거나 포크에 찍어 쥐여준다. 만약 아이가 사과 앞에서 '도리도리'를 하면서 먹고 싶지 않다는 시늉을 한다면 어떻게 할까? 만약 아이가 과일을 좋아하고 선택하고 싶어 하는 다른 과일이 있다면, "사과 먹을까, 아니면 배 먹을까?"라고 물으면 된다. 아이가 아직 사과가 뭔지 배가 뭔지 잘 모른다면, 사과와 배를 준비해서 보여주면 된다. 둘을 보여주면서 "사과 먹을래? 아니면 배 먹을래?"라고 한다면 언어 자극과 함께 선택의 기회도 주는 셈이다.

때때로 아이들의 행동이나 놀이에서도 선택의 기회를 주는 것이 좋다. 놀이터로 가면서 "미끄럼틀 먼저 탈까, 아니면 시소 먼저 탈까?"라고 물었을 때 아이가 "시소"라고 대답한다면, 아이는 미끄럼틀과 시소를 알고 있다는 뜻이다. 만약 아이가 두 가지를 잘 모르는 눈치라면 놀이터에 도착해서 손가락으로 미끄럼틀과 시소를 가리키면서 똑같은 질문을 해보면 된다. 이때 아이가 시소를 가리키기만 해도 선택을 한 것이다. '시소'라는 말을 모르더라도 먼저 타고 싶은 것이 시소임이 분명하니 말이다.

어른들도 짜장면을 먹을지 짬뽕을 먹을지 얼른 결정하지 못하고 고민한다. '점심시간에 뭐 먹을까' 하는 것만큼 어려운 질문도 없다. '도대체 무엇을 먹어야 하지? 어떤 것을 먹으면 맛있을까?' 이런 질문을 머릿속으로 하기 바쁘다. 24개월이 안 된 아이들은 언어도 인지도 부족하기 때문에 아무 보기도 없이 그냥 주어지는 의문사로 된 질문에는 답하기 어렵다. 따라서 엄마가 선택형 질문으로 대답을 유도하면서 아이와의 언어적 소통이 원활해지도록 만들어야 한다.

선택을 도와주는 엄마의 말

이 시기의 아이들은 결정에 서툴고, 바로 단어를 말하기도 쉽지 않습니다. 아이의 언어 발달 수준을 생각해서 대답할 수 있는 다른 질문으로 바꾸어줍니다.

 (의문사로) "뭐 먹을래?"

 (서두르며) "뭐 먹을 거야? 빨리 말해봐."

 ↓

 (두 가지 중 하나를 고르게 하며) "사과 먹을까, 아니면 딸기 먹을까?"

함께하는 경험을 늘려주고 싶을 때

"같이 놀자"

12개월 이전의 아이들은 자신의 손과 발을 빨고 놀거나 눈앞에 보이는 물건들에 호기심을 보이며 손을 뻗거나 손으로 만져보거나 입으로 가져가 빨아보면서 스스로 탐색하는 형태의 놀이를 한다. 놀이의 많은 부분이 자신에게 집중되어 있다는 뜻이다.

그러나 12개월이 넘어서면 아이들은 자신이 발견한 사물을 부모와 공유하고 싶어 한다. 사물을 가리키거나 소리를 내면서 다른 사람의 관심을 끌어내고자 한다. 혼자만의 놀이보다 다른 사람들을 자신의 놀이에 참여시키려고 한다. 다른 사물들에 대한 관심도 커지고, 엄마 아빠가 자신에게 했던 것을 그대로 모방하기도 한다. 아기 인형에게 우유를 먹이거나 재우거나 숟가락에 먹을 것을 담아서 먹이는 시늉을 하는 것 등이 그 예다. 다른 사람들과의 놀이, 즉 아주

기본적인 인형 놀이나 소꿉놀이 등에 관심이 많이 생기는 때이기도 하다.

아이가 부모의 관심을 유도하는 방법 중 하나는 새로 발견한 것 또는 원하는 것을 손가락으로 가리키는 것이다. 처음에는 사물의 이름도 잘 모르고 "이거" 또는 "저거"라고 하거나 그 말조차 제대로 하지 못하기 때문에 "아, 아" 또는 옹알이 같은 소리를 크게 내면서 다른 사람도 함께 바라보게 한다. 조금 더 자랐을 때는 물건을 가리키면서 사물의 이름을 말하기도 하고 "뭐야?"라고 묻기도 한다.

아이가 소리를 내면서 물건을 가리킬 때 반응을 하지 않거나 "그래그래" 하면서 무심히 넘기는 것은 좋지 않다. 아이는 부모의 관심을 바라고, 자신이 좋아하거나 새롭게 발견한 것을 부모도 함께 바라보고 자신처럼 좋아해 주기를 바란다. 그런데 아무 생각 없이 넘기는 것은 아이를 무시하는 것과도 같다.

아이가 옹알이를 하듯이 말하거나 "아, 아" 하는 소리로 물건을 가리킨다면 그렇게 말한 아이의 마음을 어떻게 읽어주어야 할까.

첫 번째로는 "아, 저기 뭐가 있어?", "무엇을 봤을까?", "저기 보라고?"와 같이 아이의 손가락 방향을 따라가 주어야 한다. 아이가 말한 것에 아이와 마찬가지로 관심을 가지고 있다는 것을 보여주는 방법이다.

두 번째는 아이가 가리키는 사물의 이름을 알려주는 것이 좋다. 관심 있는 사물이기 때문에 아이는 말을 훨씬 더 잘 알아듣는다. 대신 아이의 언어 수준이 높지 않기 때문에 비행기나 자동차, 책에 대해서 장황하게 이야기하는 것은 좋지 않다. 단지 "비행기가 있었구나", "빵빵이가 있었네", "동물 책?", "아빠 옷이 걸려 있었네"와 같이 말하는 것으로 충분하다.

마지막으로 아이가 그것을 가리킨 이유가 무엇인지 생각해서 아이의 생각을 말해주는 것도 좋다. "비행기가 생각났구나", "자동차 가지고 놀고 싶구나", "책 꺼내줄까?"와 같이 아이의 의도까지 함께 읽어주면서 원하는 것을 가져다준다면 아이가 더욱 좋아할 것이다.

이 시기 아이들에게 주는 자극이나 반응은 아이가 자신이 발견한 것을 부모에게 말하고 싶어 하는 단계까지 성장했다는 점을 밑바탕으로 한다. 자신의 그런 행동에 부모가 반응을 해주었다는 생각에 신이 나서 다음에는 더욱 적극적으로 나서게 된다.

원하는 것이 있거나 부모의 도움이 필요할 때는 엄마의 손을 잡아끌거나 엄마가 가져오도록 유도하기도 한다. 이럴 때 아이들이 엄마를 부르거나 "아, 아" 하는 소리를 낸다. 아이가 이처럼 무언가를 가져와달라고 엄마나 아빠를 부를 때 또는 소리를 내며 손을 잡아끌 때가 소통의 적기다. 부모는 적극적으로 대응하면서 "이거 열어줄까?", "열면 뭐가 있을까?", "와, 사탕이 들어 있네. 맛있겠다"처럼 반응해주어야 한다. 아이가 먼저 소통을 시도하고 놀이를 시도하는 순간이 아이의 발달을 촉진할 수 있는 가장 중요한 때임을 잊어서는 안 된다.

이제 아이는 더 나아가 함께 놀기를 희망한다. 그래서 앞에 놓여 있는 장난감 앞에서 엄마를 부르거나 숟가락에 무언가를 담아와서 엄마 입에 넣어주거나 빗을 가져와서 아빠 머리를 빗겨주기도 한다. 놀이를 하면서도 부모가 내 놀이를 보고 있는지, 내 놀이에 어떤 반응을 보이는지 유심히 본다. 한참 놀다가 엄마 아빠를 쳐다보고 방긋 웃거나 놀이 상황에서 부모의 행동을 따라 하는 것이 그것이다. 만약 엄마가 자신의 놀이에 관심이 없거나 딴 일을 하고 있을 때는 엄마를 부르면서 다가가거나 "아~"와 같은 소리를 내어서 관심을 유도하기도 한다.

"○○야, 같이 놀자" 하면서 부모도 아이의 놀이에 적극적으로 참여하는 것이 좋다. 아이의 놀이는 단순해서 어른들이 보기에는 심심하지만, 아이들은 부모의 반응을 보거나 모방하면서 자신의 놀이도 확장해나간다.

아이와 놀기를 원하는 엄마의 말

아이가 놀이를 함께하고자 시도하면 적극적으로 참여하세요. 아이보다 더 오버해서 반응하고 즐거워해 주세요.
아이가 손가락으로 물건을 가리킬 때의 상황을 가정해봅니다.

👩 (아이의 감정을 전혀 이해하지 못해 당황하며) "뭐야? 뭘 하자는 거지? 뭘 말하는지 모르겠어."

👩 (장황하게 설명하며) "이건 말이야. 할아버지가 사주신 건데 네가 나중에 크면 다 알려주려고 했거든. 그런데…."

↓

👧 (아이의 손가락을 따라가 물건을 바라보며) "저건 사자야, 어흥!"

👧 (아이의 눈을 마주 보고 억양에 리듬을 주며) "우와, 사탕이 있는 걸 어떻게 알았지?"

👧 (아이가 발견한 것을 더 즐거워하고 신기해하며) "우와, 재미있는 걸 찾았네."

신체 부위를 알려주는 놀이를 해주세요

이 시기 아이들은 신체 발달이 급격하게 이뤄지고, 자신이나 다른 사람의 몸에 대한 관심도 커집니다. 13~18개월 아이들은 신체 부위에서 한 글자로 된 이름(눈, 코, 입, 손, 발 등)만 이해하는 경우가 많습니다. 그러다가 19개월 이상이 되면 2어절의 신체 부위를 이해할 수 있어서 "엄마 눈" 하면 엄마 눈을, "뽀로로 눈" 하면 뽀로로에서 눈을 찾습니다. 신체 부위뿐만 아니라 대부분의 사물에서 서서히 2어절을 이해하고 표현할 수 있게 됩니다. 따라서 단어 수준으로 이해가 시작됐다면, 2어절 수준의 문장들도 의도적으로 들려주면서 아이의 반응을 유도해야 합니다.

신체 부위를 강조해서 언어 발달 팁으로 알려드리는 이유는 2어절 이상의 문장 확장이 가장 쉽고, 특별한 도구나 장난감 없이 언제 어디서나 놀이로 언어 자극을 줄 수 있기 때문입니다. 신체 부위 이름을 알면 병원 놀이나 소꿉놀이, 요리 활동 등 다양한 역할 놀이로 확장하기도 쉽습니다. 그래서 이 시기에 놓치지 않고 이야기해주어야 하는 것 중 하나가 신체 부위의 이름입니다.

신체 부위 이름을 가장 쉽게 알려주는 방법은 노래입니다. "눈은 어디 있나? 여기~", "머리 어깨 무릎 발"과 같은 노래는 영유아의 청각을 자극하는 동시에 아이의 신체도 자극해줍니다. 이는 아이의 성장뿐만 아니라 언어 발달에도 크게 도움이 됩니다. 음악을 들려주면서 아이의 손을 잡아 흔들어주거나 품에 안고 함께 춤을 추는 등 음악과 함께하는 다양한 신체 놀이는 아이를 즐겁게 할 뿐만 아니라 부모와 아이가 공감대를 형성하는 데에도 크게 도움이 됩니다.

처음에는 얼굴에서 눈·코·입·귀 위주로 하고, 몸에서는 머리·어깨·무릎·손·발 정도를 알려줄 수 있습니다. 그 후에는 좀더 세부적으로 이름을 알려주는데, 아이가 눈·코·입·귀를 파악했다면 눈썹·이마·빰·이·입술 등의 이름을 이야기할 수 있습니다.

"눈 어디 있어?", "코 어디 있어?"와 같이 구체적인 신체 부위를 물을 수도 있고 각 신체 부위가 어떤 일을 하는지에 대해서도 이야기 나눌 수 있습니다. 예를 들어 "말하는 곳 어디 있어?", "소리 듣는 곳 어디 있어?"처럼 물으면 됩니다.

아이가 좋아하는 인형이 있다면 인형을 활용해도 좋습니다. "뽀로로 인형의 눈이 어디 있어?", "곰 인형의 손이 어디 있어?" 등 좋아하는 인형을 두고 이야기한다면 아이의 호기심은 더욱 커질 것입니다.

12~24개월

인형과 아이의 코를 똑같이 짚어주면서 "코가 똑같네", 입을 만지면서 "여기 입이 있네. 뽀로로 입도 여기, 우리 ○○이 입도 여기"와 같이 이야기해주면 신체 부위에 대한 아이의 관심이 더욱 높아질 것입니다.

이 시기 언어 발달의 중요성은 아무리 강조해도 지나치지 않습니다. 처음에는 단어 수준으로, 그다음에는 2어절 이상의 수준으로 아이에게 언어 자극을 줍니다. 그러고는 아이가 어떻게 받아들이는지, 아이가 그것을 어떻게 모방하고 활용하는지 잘 살펴보세요.

충분히 기다리고 선택할 기회를 주세요

아이들이 12개월을 넘어가면 대부분 엄마는 아이들의 '말'에 많은 관심을 가지게 됩니다. 특히 "엄마", "아빠"를 하지 못하거나 말이 터지지 않았다고 생각되면 불안감이 날로 커집니다. 하지만 이 시기에 중요한 것은 말이 빨리 터지는 것이 아닙니다. 말은 조금 늦더라도 이해하는 말이 늘어가느냐가 가장 중요합니다. 이해하는 어휘가 충분한 아이들은 말이 조금 늦되더라도 순식간에 늘어날 수 있습니다. 반대로, 말이 조금 일찍 시작됐더라도 가지고 있는 단어가 부족한 아이들은 오히려 나중에 말이 늘어나는 시간이 오래 걸릴 수도 있습니다.

그래서 이 시기를 지나고 있는 아이들의 부모에게 언어치료사들이 가장 많이 하는 말은 수다쟁이 엄마가 되라는 것입니다. 엄마가 언어 자극을 충분히 주지 않으면 아이의 언어가 늦어질 수밖에 없기 때문입니다. 이런 조언을 하면 엄마들은 '온종일 어떻게 떠들지?', '아직 알아듣지도 못하는 아이에게 어떻게 말을 걸라는 말이지?' 하며 막막해합니다.

아이에게 말을 많이 하는 것은 생각보다 무척 중요합니다. 그런데 더 중요한 것이 있습니다. 아이가 말할 수 있도록 기다리는 것입니다. 엄마가 속사포처럼 계속 단어를 말하고 들려준다고 해서 그것이 아이의 귀에 정확하게 가닿을지는 알 수 없습니다. 그렇기에 말을 많이 하는 것만큼 말을 하면서 의미 있는 눈 맞춤과 적절한 반응을 하라는 것입니다. 그러면 아이는 자신의 말소리가 다른 사람의 반응이나 행동에 영향을 미치고, 자신이 원하는 것을 얻으려면 말로 표현해야 한다는 걸 알게 됩니다.

이는 아이의 말에 대한 부모의 반응과도 연결됩니다. 소리를 내거나 원하는 것을 이야기했을 때 부모의 즉각적이고 적극적인 반응을 경험한 아이들이 나중에 말을 더 잘 사용할 수 있습니다. 아직 말이 잘 되지 않는다면 손가락으로 가리키거나 선택하는 방식으로 소통할 수 있도록 아이에게 기회를 주는 것이 중요합니다.

12~24개월

아이에게 말을 걸거나 질문을 던진 다음에는, 아이가 대답할 수 있도록 기다려주어야 합니다. 아이가 자기 생각을 말하거나 이야기를 할 수 있으려면 충분한 시간이 필요합니다. 아직은 언어적으로 미숙해서 모든 것을 말로 표현할 수는 없습니다. 아이들은 자신의 말이나 감정을 때로는 언어로 때로는 몸짓으로 표현하면서 부모와의 소통을 시도합니다.

이 시기의 아이들은 언어능력의 기본적인 태도를 배우게 됩니다. 말로 의사소통을 해본 경험, 상대방의 이야기를 듣고 지시를 따라본 경험, 심부름을 했을 때 칭찬과 격려를 받아본 경험 등 다양한 언어적 경험을 쌓으면서 어떻게 의사소통을 해야 하는지를 배워갑니다.

이 시기의 아이는 입 밖으로 내뱉는 어휘보다 더 많은 것을 머릿속에 담고 있으며, 충분히 자기 것이 됐을 때 그 단어를 의미 있게 사용합니다. 따라서 이 시기 동안 많은 말을 듣고 자기 것으로 만들어가는 과정이 언어능력의 밑바탕이 된다고 해도 과언이 아닙니다. 부모가 아이의 말을 기다려주고 소통을 시도할 때 아이의 말을 끌어낼 수 있습니다. 특히 말이 조금 늦되는 아이라면, 말할 시간을 충분히 주고 있는지 또는 말할 타이밍에 적절한 자극을 주는지 등 부모 자신의 언어 자극을 먼저 확인해봐야 합니다.

24~36개월

자기주장이 강해지는 우리 아이, 자립심과 성취감이 필요해요

우리 아이의 발달 특성

신체 소근육 활동이 섬세해지고 블록 쌓기를 할 수 있어요

24~36개월 아이들은 이전에 비해서 키나 몸무게의 성장이 다소 주춤해지는 느낌이 든다. 대신 대근육이나 소근육의 발달이 왕성해져 운동량이 늘어나고 움직임이 좀더 활발하고 섬세해진다.

걷고 뛰고 구르고 점프하는 활동들에서 크게 어려움이 없으며 대부분의 신체 놀이나 체육 활동에 적극적으로 참여한다. 공을 차기 위해 다리를 앞뒤로 움직일 수 있다. 36개월이 가까워지면 약 3~5초 동안 한 발로 설 수 있고, 발을 교차하며 계단을 올라가거나 혼자서 천천히 계단을 내려갈 수 있다.

이전 시기보다 손목을 사용하는 기술이 늘어나 여러 가지 활동을 할 수 있다. 블록은 6~8개를 쌓을 정도로 손놀림이 섬세해지며, 블록을 연결해서 기차처럼 길게 늘어놓을 수 있다. 또 연필을 쥐고 선을 긋거나 동그라미를 그릴 수 있다. 클레이를 만들거나 그림을 그리는 등의 활동도 한참 동안 집중력 있게 할 수 있다. 실에 구슬을 꿰는 활동을 할 수 있고, 병뚜껑을 돌려 열거나 방문의 손잡이를 돌려 열 수 있으며, 구겨진 종이를 펼 수 있다. 부모가 어느 정도 도와주면 종이를 반으로 접을 수 있고 유아용 가위로 가위질도 할 수 있다. 아직 완벽하지는 않지만 모양이나 형태를 따라 그릴 수도 있다. 손목을 사용해서 숟가락을 잡기 때문에 숟가락 사용도 훨씬 더 자연스러워진다.

인지 큰 것, 작은 것, 똑같은 것에 대해 잘 알아요

이 시기의 아이들은 추상적인 개념을 어느 정도 이해할 수 있다. 두 가지 사물 중에 큰 것과 작은 것, 긴 것과 짧은 것을 잘 이해하고 골라낼 수 있다. 그릇에 과자의 양을 달리해서 담아놓으면 많은 쪽을 달라고 말하기도 한다.

어떤 주제를 가지고 미리 계획하면서 놀이를 진행할 수 있는 시기여서 다양한 놀이가 가능해진다. 가장 대표적인 특징으로는 정형화되어 있는 사물을 다른 사물로 바꿔 그 사물이 상징하는 행동을 할 수 있다는 것이다. 나무 블록으로 다리미 놀이 또는 자동차 놀이를 하는 식으로 특정한 기능이 있는 물건을 다른 물건으로 대치하는 것이다. 빈손으로 마치 물건이 있는 것처럼 흉내를 낼 수도 있다. 그릇에 음식이 없어도 마치 있는 것처럼 먹는 흉내를 내면서 다른 사람들에게 먹어보라고 권하기도 한다. 마트 놀이를 할 때 마치 돈을 쥐고 건네주는 것 같은 행동을 하기도 한다.

인형이나 그 밖의 사물을 움직이고 행동을 할 수 있는 행위자로 가장하거나 다른 사람의 역할을 가장해서 놀 수 있다는 점도 큰 특징이다. 가장 흔한 것이 인형을 살아 움직이는 생명체로 가장하여 노는 것이다. 때로는 다른 사람으로 가장하는 행동도 하는데 엄마 구두를 신고 "엄마 나갔다 올게"라고 말하거나 "너 왜 이렇게 말을 안 듣니?" 하면서 아빠처럼 동생이나 인형을 혼내기도 한다.

인형 2개를 놓고 서로 대화하면서 역할 놀이를 하며 놀 수 있다. 의사 역할의 인형을 들고 환자 역할의 인형에게 체온 재기, 주사 놓기, 진찰하기 등의 행동을 할 수 있다. 때로는 물건을 가지고 다른 사물처럼 말할 수도 있는데, 예를 들어 포크를 엄마라고 하고 숟가락을 아빠라고 하면서 노는 모습을 볼 수 있다.

언어 의문사를 사용하고 대답할 수 있어요

이 시기 아이들은 낱말의 정확한 뜻과 이름을 알게 된다. 대략 500~900개의 어휘를 이해하며, 50~250개의 말로 표현할 줄 알게 된다. 2세 이후의 아이들에게서 나타나는 언어능력의 가장 큰 변화는 본격적인 문장의 사용이다. "엄마 물", "아빠 와"와 같이 단어 2개를 연결해 짧게 말하다가 점차 3~4개의 짧은 단어를 연결하게 된다.

'엄마가'의 주격조사 '~가', '엄마랑'에서 공존을 나타내는 격조사 '~랑' 등 조사를 사용하기 시작한다. 또한 '~했어', '~할래'와 같이 과거형 또는 미래형 서술어들도 사용한다. 문법적으로는 오류가 많지만 언어 사용에 다양한 시도가 일어난다.

첫음절에 나오는 자음들은 대부분 정확하게 발음한다. 하지만 아직도 단어 중간에 있거나 받침에 나오는 자음들은 발음을 잘 못하거나 아예 생략하는 경우도 종종 있다.

의문문 중 몇 가지는 이해하고 대답할 수 있다. 이는 곧 질문이 많아진다는 의미이기도 하다. 이전 시기의 '무엇'을 넘어 "누구야?", "어디야?"와 같은 질문을 이해하고 대답할 수 있다. 반대로 아이가 어른들에게 의문사를 사용해서 "누구야?", "어디 가?"라고 묻기도 한다. 또한 "엄마 차야?", "자동차 가?", "비행기 탔어?"와 같이 두 단어를 연결해서 질문하기도 한다.

이 시기 아이들은 대화의 기술은 많이 부족하지만 성인이 대화를 이어가면서 계속 말을 걸면, 주고받는 형태의 대화를 조금씩 할 수 있다. 하지만 다음에 오는 내용이나 이전의 내용과 잘 연결되지 않는 경우도 많기 때문에 대화가 계속 이어지려면 아직은 어른들의 도움이 많이 필요하다.

이 시기에는 "인형 가지고 엄마한테 와봐", "사과는 아빠한테, 포도는 언니한테 줄래?"와 같은 두 가지 지시를 동시에 수행할 수 있다. 표현 측면에서 문장 수준으로 길게 말하는 아이부터 3어절 정도를 연결하는 아이까지 편차가 있는데, 이해하는 언어가 충분하고 두 가지 이상의 복잡한 지시를 잘 따를 수 있다면 크게 걱정하지 않아도 된다.

정서 "싫어", "안 해" 자기주장이 강해져요

언어가 발달하고 놀이가 구체화되는 시기에 맞게 정서도 이전과는 다른 형태로 발달하게 된다. 무엇보다 자아의식이 커지면서 이전에는 별다른 거부감 없이 하던 일도 "안 해" 또는 "싫어"라는 말로 거부할 수 있으며, "내가, 내가!" 하면서 스스로 하겠다는 고집도 세진다. 그와 함께 자기주장도 강해져 원하는 것이 잘 안 되면 떼를 쓰는 일도 늘어난다. 혼자 먹거나 입으려 하고, 옆에 누가 있지 않아도 혼자서 놀기 시작한다.

당황함, 부끄러움, 질투, 분노 등 다양한 정서를 느끼게 된다. 엄마가 다른 아이를 안고 있을 때 엄마 팔을 잡아당기거나 엄마를 때리기도 하며, 간단한 퍼즐을 맞춘 후 스스로 자랑스러워하며 웃기도 한다. 이런 감정의 분화들이 생기면서 자신의 말에 감정을 담고 감정을 표현하는 어휘를 익히며, 언어에 정서적 기능을 담는 의사소통을 시작한다.

타인에게서 독립적인 존재가 되기를 원하기 때문에 성인의 도움 없이 의욕적으로 무엇인가를 해보려고 시도한다. 그랬다가 잘 안 되면 짜증을 부리거나 화를 내기도 한다. 때때로 정서적인 기복이 매우 크게 나타나는 경향도 보이는데, 이것은 정서가 성장하는 과정에서 보이는 자연스러운 현상이다.

이 시기 아이들은 자신의 감정과 느낌을 강하게 표시하는데 화나는 것, 하고 싶은 것 등 자신이 느끼는 것을 정확하게 표현할 수 있다. 정서와 감정을 조절하고 통제도 할 수 있다. 주변의 눈치를 보거나 새로운 상황에 따른 감정과 정서에 빨리 적응할 수 있다. 상황에 맞춘 감정 표현과 적응 능력이 발달하여 타인의 감정을 전달받을 수 있고 자신의 감정도 전달할 수 있다. 이렇듯 다른 사람들과의 감정적인 소통과 교류가 가능해지는 시기다.

다른 사람들에게 잘 보이고 싶다는 욕망도 커져서 눈치가 생기고 자신을 조절하기 시작한다. 부모 앞에서와 달리 할머니, 할아버지, 선생님 앞에서는 예의 바르게 행동하거나 애교가 느는 것이 그런 이유다. 주변 상황을 인식하면서 자신의 감정도 상황과 사람에 따라 다르게 표현할 줄 알게 된다. 자신의 감정을 잘 받아주는 아빠에게는 함부로 하는 모습을 보이다가도 엄마의 엄한 모습에는 긴장하는 모습을 보이는 것이 한 예다. 따라서 이 시기에는 부모의 일관적인 태도가 매우 중요하다.

또한 차례를 알기 시작해서 간단한 게임이나 어린이집, 유치원 상황 등에서 이를 지킬 수 있다.

"이게 뭐야?"

마트에서 30개월쯤 되어 보이는 아이를 포함한 가족이 물건을 사고 있다. 과일 코너를 지나가던 아이가 "엄마, 이게 뭐야?" 하고 파인애플을 가리키자 엄마가 "응, 파인애플이야" 하고 알려준다. 아이는 그 옆에 있는 것들을 가리키며 계속해서 묻는다.

"이건 뭐야?"

"응, 오렌지야."

"이건 뭐야?"

"응, 바나나야."

이쯤 되면 친절하게 대답해주던 엄마도 슬슬 약이 오르기 시작한다. 이미 아는 바나나까지 물어보는 걸 보니 몰라서 묻는 게 아니라 그냥 재미로 그런다는 생각도 들기 때문이다. 한두 가지 더 물어보면 엄마 입에서는 분명히 이런 말이 나올 것이다.

"너는 왜 다 아는 걸 물어보니? 그만해."

아이들은 이 시기가 되면 주변 사물이나 주변 상황에 대한 호기심이 많아진다. 호기심이 왕성해져 늘 "뭐야?"를 입에 달고 산다. 아이들은 주변 사물들을 가리키면서 쉼 없이 무엇이냐고 묻고 때로는 이미 알고 있는 것도 다시 묻는다.

"뭐야?", "누구야?", "어디야?" 등이 이 시기 아이들이 많이 하는 질문이다. 똑같은 것을 반복해서 물어보더라도 부모는 차분하게 대답해주고 알려주어야 한다. 아이는 질문을 통해서 사람들과 소통을 시도하고 있기 때문이다.

아이가 지나칠 정도로 묻거나 이미 알고 있는 것을 반복해서 물어볼 정도로 질문을 늘어놓는다면, 엄마가 아이에게 물어보는 것도 방법이다. 엄마가 웃으며 "○○야, 우리 과일 이름 맞히기 하자. 이건 뭐니?" 하고 아이가 알 것 같은 과일을 가리키며 묻는 것이다. 아이는 엄마 앞에서 "그건 사과야"라고 대답할 것이다.

특히 의문사는 궁금한 내용이나 알고 싶은 내용 등을 묻는 것이기 때문에 아이가 묻든 부모가 묻든 누군가는 대답을 해야 한다는 점에서 매우 중요하다. 무언가를 묻는다는 것은 궁금해졌다는 것이고, 그 궁금함을 다른 사람들에게 물어서 답을 구함으로써 해소하는 것이기 때문이다. 처음에는 부모의 질문에 대답만 하던 아이들이 어느새 자신도 의문사를 사용해서 묻게 된다. 적절한 의문사의 사용은 대화를 더욱 풍성하게 할 뿐만 아니라 지적인 호기심도 채워주므로 이를 사용하는 능력이 매우 중요하다.

궁금한 것이 많아지기 시작하는 이 시기의 아이들에게는 다양한 방법으로 지적 호기심을 충족시켜주어야 한다. 아이가 질문을 많이 하기도 하지만 부모가 먼저 '그것이 무엇인지' 물어보고 아이가 대답하게 해주는 것이 좋다. 부모가 물어보는 말을 정확하게 이해할 수 있는지 확인해보는 것이다. 의문사를 이해하지 못하면 아이 자신도 의문사를 정확하게 사용할 수 없다. 이렇게 의문사로 질문하는 것은 아이에게 생각해서 대답하고 상대방의 의도를 파악하게 하는 힘을 키워준다. 아직은 의문사를 정확하게 판단하기 어렵고 기초적인 수준에서 대답하는 수준이라고 할지라도, 아이가 다양한 의문사를 접하게 해주어야 한다.

"뭐야?"라는 질문을 할 때 단순히 사실을 묻거나 확인만 하는 것은 좋지 않은 방법이다. 의미를 정확하게 알고 있는지 확인하기 위해서 의문사를 사용할 수는 있지만, 너무 반복해서 사용하거나 이 의도만을 위해서 사용하는 것은 바람직하지 않다. 부모가 확인을 위해서 의문사를 사용한다는 것을 알게 되면, 아이는 대답을 피하기도 한다. 아는지 모르는지 누군가로부터 확인받는 것을 싫어하기 때문이다.

아이가 "뭐야?"라는 질문만 잘하고 나머지 질문들에는 능숙하지 않다면, 다른 질문들을 샘플처럼 들려주고 대답하는 상황을 보여주어야 한다. 예를 들어 마트에서 "뭐야?"라는 질문만 늘어놓는 아이에게 바나나를 들고 "이건 어디서 왔을까?", "바나나는 누가 제일 좋아할까?"와 같은 다른 의문사로 된 질문들을 해보는 것이다. 그러면 아이는 기계적으로 사물의 이름을 말하는 대답을 넘어 다른 대답을 하기 위해 노력하게 된다. 특히 '누가 제일 좋아할까'와 같이 정답이 없는 질문이나 생각이 필요한 질문에서는 나름의 답을 찾으려 할 것이다. 질문에 대답을 잘하는 아이들이 언어적으로나 인지적으로 뛰어난 경향을 보이는 것은 자기 스스로 맞는 답을 찾을 수 있는 언어능력을 갖추었기 때문이다.

이 시기의 대부분 아이는 아직 '어떻게'나 '왜'와 같은 어려운 의문사는 잘 이해하지 못한다. 구체적인 사물로 대답을 연상할 수 있는 '누가', '어디서', '무엇을' 정도는 조금 더 쉽게 이해할 수 있다. 이런 질문에 대한 답이 대체로 구체적인 사물이기 때문이다. '언제', '어떻게', '왜' 등은 좀더 추상적인 개념이 발달해 상황을 설명할 수 있거나 인과관계에 대한 명확한 체계가 잡혀야만 해석할 수 있다.

만약 아이가 의문사에 답할 때 질문과 어긋나는 답을 하거나 내용을 잘 이해하지 못한 것으로 보인다면, 부모가 모델링의 방법을 쓸 수 있다. 말 그대로 어떻게 대답해야 하는지 보여주는 것이다. 앞서 본 마트의 예라면 "엄청 더운 지역에서 왔지"라거나 "바나나는 아빠가 좋아하잖아"와 같이 대답을 모델링해주면 된다. 부모의 이런 모델링을 통해서 아이들은 의문사에 대답하는 법을 배우게 되고, 이것이 충분히 쌓이면 자신도 부모나 친구들에게 "뭐야?" 외의 의문사를 사용해 질문하게 될 것이다.

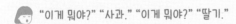

아이에게 자립심을 키워주고 싶을 때

"이렇게 해볼래?"

이 시기의 아이들은 "싫어", "안 할 거야" 같은 말을 자주 한다. 아이가 원해서 볶음밥을 차려줬는데 갑자기 안 먹겠다고 고집을 피우기도 한다. "오늘 아빠랑 잘 거야"라고 했는데 "아빠가 오늘 늦게 퇴근하시니까 엄마랑 자야 해"라고 말하면 뭐가 그리 속상한지 "싫어 싫어, 아빠랑 잘 거야. 으앙" 하면서 한바탕 눈물바다를 이룬다.

자기 나름의 규칙도 생겨서 "엄마 옆에 아빠, 아빠 옆에 내가 앉을 거야"라고 했는데 그것이 받아들여지지 않으면, 왜 안 되는지 설명을 들으려고도 하지 않고 고집을 피운다. 날씨가 추워서 긴 옷을 입히고 두꺼운 양말을 신기고 싶지만 아이는 계절에 맞지도 않는 옷을 꺼내서 그걸 입겠다고 소리를 지른다. 어디를 가든 무엇을 하든 자신이 생각한 대로 또는 자신이 마음먹은 대로 하려고 고집을 피우는

통에 부모와의 충돌이 잦아진다.

　예전에는 '미운 일곱 살'이라는 말이 있었고 사춘기가 오면 아이들의 반항이 심해진다고 했다. 그런데 요즘은 '미운 네 살, 미친 일곱 살'이라는 말이 있을 정도로 반항의 시기가 빨라졌다. 두 돌이 넘은 시기부터 아이들은 자신이 정한 특정한 것을 고집한다. 아이가 큰 소리로 울면서 고집을 피우면, 부모들은 처음에는 난감해하거나 나름의 방식으로 고집을 꺾으려고 한다. 그래도 안 되면 점점 짜증이 나고 "엄마가 이러지 말라고 했지?", "안 된다고 했는데 왜 이래?" 하면서 급기야는 화를 내게 된다. 결국 부모도 아이도 감정이 격해지고 화가 나게 되며, 감정이 상한 채 대화가 종결된다.

　이 시기의 아이들은 감정 어휘나 공감 능력이 발달한다. 그러므로 아이의 마음을 읽어주는 것이 먼저다. 해가 빛나는데 장화를 신겠다고 고집을 피우는 아이가 있다고 하자. 징징거리면서 장화 못 신게 하면 어린이집 안 가겠다고 버티는 상황이다. 심각하게 큰일이 아니고 아이의 고집이 너무 세다면 하루쯤은 눈감고 장화를 신겨 보낼 수도 있다. 실제로 어린이집에 왠지 안 맞는 옷을 입고 오는 아이들이 더러 있는데, 부모들한테 들어보면 아이가 고집을 피워서 어쩔 수 없었다고 말한다.

　이런 경우, 우선 아이를 안아주거나 눈을 맞추면서 감정을 읽어주는 것이 좋다.

"장화를 신고 밖으로 나가고 싶었어?"

"이번에 새로 산 장화여서 마음에 들었구나."

이렇게 마음을 읽어주고 다독거리기만 해도 아이에게는 충분히 위로가 돼 마음이 조금은 풀린다. 자신이 하는 행동을 무조건 반대하는 것이 아니라는 것, 엄마도 나의 마음을 이해해준다는 것만으로도 아이는 기분이 좋아진다. 이때 엄마는 다음과 같은 사실을 얘기해준다.

"오늘은 햇빛이 나서 장화를 신을 수 없어. 발이 너무 더울 거야."

그렇게 말해도 아이가 진정되지 않는다면, 다음처럼 말하면서 아이가 장화를 신고 싶어 하는 욕구를 일부 충족시켜줄 수 있다.

"그렇다면 현관 앞까지만 장화 신고 가볼까? 그리고 신발을 갈아신고 가는 거야."

그런 후 현관 앞에서 운동화로 갈아신게 하면 된다.

"이렇게 해보면 어떨까?", "이렇게 해볼래?" 하는 방법을 알려주는 질문이 아이의 마음을 덜 상하게 한다. 그에 앞서 아이의 마음을 충분히 읽어주어야 정확한 대안도 나오게 된다.

이 시기에는 입만 열면 "싫어"가 튀어 나오는 아이들도 많다. 모든 것에 "싫어, 싫어, 싫어"라고 하는 아이를 보고 엄마들은 '우리 아이만 유독 이러나?', '우리 아이만 왜 이럴까?' 하고 생각한다. 그렇지만 사실 대부분 아이가 그런 과정을 거친다.

"밥 먹을래?"

"싫어."

"양치질할래?"

"싫어."

"옷 갈아입을래?"

"싫어."

아마도 이런 아이 앞에서 가장 많이 드는 생각은 '그래서 도대체 어쩌라는 거야?'일 것이다. 아이의 대답이 모두 '싫어'가 되면 부모도 짜증이 나고 화가 나는 것이 사실이다. 때로 화를 참지 못하고 아이에게 감정적으로 폭발했다면, '왜 나는 아이를 제대로 받아주지 못하고 화만 내는 것일까' 하고 자책감에 빠지기도 한다.

안타깝지만, "싫어"라는 말을 못 하게 할 수 있는 완벽한 방법은 없다. 아이의 반항은 자연스러운 발달 과정 중 하나임을 떠올리는 것이 그나마 이성적인 대처법이다. 마음을 좀더 느긋하게 먹고 아이의 반항을 받아들이는 것이 좋다.

이런 아이들에게는 "이렇게 해볼래?"라고 제안해보고, 아이가 제안에 응하지 않는다면 크게 신경 쓰지 말고 넘기는 것이 좋다. 여러모로 어른이 아이보다 세기 때문에 아이의 고집을 꺾을 수는 있지만, 자칫 화를 내거나 매를 들게 돼 아이와의 관계나 상황이 나빠질 수도 있다.

아이가 밥을 먹지 않겠다고 할 때는 "밥을 먹지 않으면 배고파서 못 놀 것 같아. 밥을 먹지 않을래?" 하고 아이에게 밥을 먹을 것을 제안한다. 하지만 여전히 싫다고 하면 더 달래거나 협박하지 말고 그냥 조금 내버려 두는 것이다. 양치질을 하지 않겠다고 고집을 피우면 "어머, 양치질을 안 하면 세균이 많이 생길 텐데 어쩌지. 이를 닦는 게 더 낫지 않을까?" 하면서 양치질을 권한다. 아이가 계속 싫다고 하면 "그래, 알겠어"라고 하고 잠시 기다리면서 다시 물어볼 타이밍을 찾으면 된다.

그 상황에서 바로 문제를 해결하려고 하면 안 된다는 뜻이다. 지금은 이미 "싫어"라는 감정이 극단으로 치달아 있기 때문에 아이에게는 어떤 말을 해도 귀에 들리지 않는다. 오히려 고집만 더 부추길 수 있다. 아이도 감정이 가라앉고 마음이 조금은 평온해지면 어떤 타이밍에서는 엄마의 말을 군말없이 따르기도 한다.

모든 부모는 천사처럼 내 말을 잘 듣는 방긋방긋 웃는 아이를 꿈꾸었을 것이다. 하지만 현실에서 만나는 많은 아이는 성장함에 따라 부모에게 반항도 하고 고집도 피운다. 이런 상황에서 부모가 어떤 태도를 보이느냐가 아이의 발달을 돕기도 하고 서로 감정만 상하게 하기도 한다. 우선 아이의 감정을 읽어주고, 어떻게 할지에 대한 대안을 제시한다. 그조차도 수용되지 않는다면 억지로 하게 하거나 화를 내기보다 대수롭지 않게 받아들이면서 다음 타이밍을 기대하는 것이 더 낫다.

고집을 피우는 아이의 마음을 이해하는 엄마의 말

아이가 고집을 피울 때는 다음과 같은 순서로 이야기를 나눠보세요. 추운데 아이가 반팔을 입고 나가려고 하는 상황을 가정해봅니다.

1. 고집을 피우는 이유를 살펴보고 아이의 감정을 먼저 읽어주세요.

   "옷에 있는 그 반짝이 하트가 마음에 드는구나."

2. 아이가 원하는 내용을 이해해주면서 '이렇게 해볼래?' 하고 방법을 제시해주세요.

   "날씨가 추워서 얇은 옷 입으면 감기에 걸릴 것 같아. 하트가 있는 보라색 긴팔을 입으면 어떨까?"

3. 아이가 원하는 만큼과 엄마가 원하는 만큼을 협상해서 아이에게 제안해보세요.

   "그러면 반팔 옷은 집 안에서만 입고, 문밖으로 나갈 때는 갈아입을까?"

4. 아이가 거절하면, 설득하지 말고 "알겠다"고 한 뒤 다시 타이밍을 살피세요.

   (화를 내며) "그래도 날씨가 춥잖아. 고집 그만 피우고 갈아입자, 응?"
   (협박조로) "엄마 말 안 들으면 산타할아버지가 선물 안 주실 거야."

   ⬇

   (잠시 기다리며) "응, 그래. 알았어. 조금만 더 입고 있자."

5. 시간이 흐른 후 감정이 가라앉으면 아이에게 "이렇게 해볼래?" 하고 말해보세요.

(화내거나 짜증을 내며) "엄마 말 안 들을 거야?

↓

(차분한 목소리로) "밖이 추우니까 긴팔로 갈아입는 게 어때?"

24~36개월

아이가 활동을 혼자 해보려고 할 때

"도와줄까?"

아이가 블록을 만들고 있다. 빨간색, 파란색, 노란색 색깔별로 묶어놓기도 하고 구분해보기도 한다. 위로 쌓아 올리면서 집이라고 하고, 옆으로 움직이며 자동차라고 하면서 논다. 제법 붕붕거리는 소리도 내면서 신이 났다.

그런데 한참 놀던 아이가 갑자기 큰 소리로 울기 시작한다. 옆에 있던 엄마는 당황스럽다. 아이가 혼자서도 잘 놀고 자기 나름대로 잘 만들어서 흐뭇하게 지켜보고 있었는데, 갑자기 우는 것이다. 넘어진 것도 아니고 손가락이 어딘가에 끼인 것도 아니다.

이 시기의 아이들은 잘 놀다가 갑자기 울거나 짜증을 내기도 한다. 옆에 있던 엄마는 이유를 추측할 수도 없고 이해할 수도 없다. 이럴 때는 아이의 주변이나 상황을 살펴보자. 가만히 보면, 집중해서 블록을 쌓거나 공 끼워넣기를 하는데 마음먹은 대로 되지 않으면 울어버린다는 걸 알 수 있다. 생각한 대로 잘 안 돼서 울음으로 표현하는 것이다. 그런데 이런 이유를 파악하려면 아이의 놀이에 직접 개입해서 도와주지는 않더라도 어떤 상황인지 옆에서 계속 지켜봐 주어야 한다. 그래야 무엇 때문에 아이가 속상한지, 왜 우는지를 알아챌 수 있다.

잘 안 되는 것 때문에 운다는 걸 알았다고 하더라도 "알았어, 알았어" 하면서 모든 것을 해주는 것은 적절한 해결 방법이 아니다. 아이에게 "왜 그래? 걱정하지 마, 엄마가 다 해줄게"라거나 "뭐 그런 거 가지고 울어. 만들다 보면 넘어질 수도 있지"라고 말하는 부모들이 많다. 하지만 아이의 감정을 축소하거나 별것이 아닌 것으로 만들어버리는 것은 가장 좋지 않은 방법이다.

이런 상황에서는 아이의 마음을 읽어주고 다독거리는 것이 먼저다. 이 시기 아이들은 감정이 발달하기 시작하지만 감정에 이름을 붙이는 건 어려워한다. 이 불편한 감정이 무엇인지, 이런 감정이 생기면 어떻게 해야 하는지를 잘 모르는 것이다. 이럴 때 감정에 이름을 붙이는 것부터 시작하면 아이들이 좀더 자연스럽게 지금의 기분이 어떤지, 엄마한테 어떻게 해달라고 말해야 하는지를 이해할 수 있다.

앞서의 사례로 다시 돌아가 보자. 블록을 쌓던 아이를 가만히 지켜보니 블록을 쌓아 올리는 과정에서 뭔가 자꾸 비뚤어지고 무너져서 원하는 높이로 쌓아 올려지지가 않는 듯했다. 몇 번을 그러던 아이는 드디어 짜증을 내면서 울기 시작했다.

이럴 때는 우선 우는 아이를 안아주며 다독거린다. "우리 아이가 화가 났구나", "우리 아이가 속상했구나"라고 말해주면 아이들은 이 감정이 '화' 또는 '속상함'이라는 것을 알 수 있다. '아, 이런 것을 화났다고 하는구나', '아, 이런 감정을 속상하다고 하는구나' 하고 말이다. 그리고 이 상황에서 엄마의 다독거림을 경험한 아이들은 엄마의 말과 신체적인 따스함 덕에 심리적인 안정감도 얻게 된다.

다음으로는 아이에게 물어야 한다. 엄마가 처음부터 다 해주겠다고 하거나 아이가 만드는 것에 섣불리 손을 대면 아이들은 더 짜증을 내거나 더 크게 울기도 한다. 그러므로 아이가 무엇을 원하는지를 들여다봐야 한다.

"○○야, 이거 만들고 싶었는데 잘 안 됐지?"

아이에게 우선 엄마가 생각하는 게 맞는지를 물어보는 것이 좋다. 아이가 고개를 끄덕이는지 가로젓는지 살펴본다. 엄마 생각이 맞을 수도 있지만 다른 이유로 화가 났을 수도 있기 때문에 그것부터 확인해봐야 한다.

아이가 고개를 끄덕였다면, 그다음에는 단계를 나누어서 물어보는 것이 좋다. "엄마가 도와줄까?" 하고 먼저 물어본다. 아이가 고개를 저으면 "그럼 엄마랑 같이 해볼까?" 또는 "그럼 엄마가 해줄까?" 하고 물어야 한다. 엄마가 처음부터 아이 일에 지나치게 개입해서는 안 된다.

여기에서 '도와준다'라는 것은 아이가 할 수 있도록 옆에서 간단한 도움만 주는 것이다. 블록을 쌓아 올리다가 자꾸 넘어지는 게 문제라면 밑에서부터 올리는 것을 조금씩 도와주고 바르게 놓을 수 있도록 위치만 잡아준다. 아이가 울타리를 만들고 싶어 한다면 울타리를 만들 수 있는 블록을 찾아서 "이거면 어떨까?" 하고 물어보고 옆에 놓아준다. 그리고 아이의 활동을 지켜본다. 엄마는 작은 도움만 줄 뿐이고 직접 하는 건 아이 몫이다.

'엄마랑 같이 해본다'라는 것은 블록을 엄마와 함께 쌓는 것이다. 울타리 모양의 블록을 엄마랑 아이가 같이 찾되, 엄마는 그것을 원하는 위치 옆에 나란히 놓아주며 아이의 활동을 격려하는 것이다. 때로는 엄마가 "여기 놓아볼까?", "이렇게 하면 어때?" 하고 묻고, 그에 대해 아이가 "거기 아니고 여기에 놓을 거야"라고 의견을 제시할 수도 있다. 아이와 함께하는 것이지만 아이의 입장이 조금 더 반영되는 방법이다. '엄마랑 같이 해본다'라고 하더라도 아이가 적극적으로 참여할 수 있도록 엄마는 옆에서 조금 기다려주어야 한다.

때로는 자기가 할 엄두가 나지 않아서 '엄마가 해주기'를 바라기도 한다. 엄마가 해준다는 것은 아이는 가만히 있고 엄마가 적극적으로 개입해서 모든 활동을 해준다는 뜻이다. 엄마가 혼자 하는 것이라고 볼 수 있다. 아이는 엄마가 하는 것을 지켜보면서 원하는 것을 간단하게 지시만 하는 정도로 놀이에 참여하게 된다.

엄마가 마음대로 하거나 아이의 뜻을 지레짐작하는 것보다 아이의 뜻을 적극적으로 물어보고 아이가 의견을 표현할 기회를 주는 것이 매우 중요하다. 또한 엄마가 어떤 도움을 주었든, 블록을 완성했을 때는 도움을 요청한 과정과 잘 만들어진 결과 모두에 대해 "정말 잘했다" 하고 칭찬해주어야 한다.

이 시기에 성취감을 경험한 친구들은 이후의 과정에도 도전할 수 있게 되고, 그 도전이 쉽지 않다고 생각되면 부모나 다른 사람에게 도움을 구할 수 있다는 것을 깨닫게 된다. 엄마의 격려는 이후 과정에서 아이의 성취감을 불러일으킬 수 있는 가장 좋은 자극이다.

아이가 도움을 요청할 때 성취감을 높이는 엄마의 말

아이가 도움을 요청할 때는 아이의 감정을 살피며 다음과 같은 순서로 대화를 나누어보세요.

1. 아이가 도움을 요청하는 상황을 파악하고 아이의 속상한 감정을 읽어주세요.

   "별것도 아니네. 뭘 그런 걸 가지고 울어?"

   "다시 만들면 돼. 울지 마."

   ↓

   "아, 블록이 무너져서 속상했어?"

   "열심히 만들었는데 부서져서 울었구나."

2. 엄마가 도와줄지, 그냥 지켜봐 줄지를 아이가 선택하게 해주세요.

（아이의 감정을 생각하지 않고）"엄마가 해줌? 엄마가 만들어줌?"

⬇

"엄마가 도와줄까? 아니면 다시 한번 해볼래?"

"옆에서 엄마가 같이 봐줄까?"

3. 아이가 원하는 대로 아이의 활동을 도와주거나 엄마가 함께해주세요.

"엄마가 한번 해볼까?" （엄마가 직접 도와주는 역할）

"엄마가 같이 해줄까?" （엄마와 아이가 함께하는 역할）

"엄마가 지켜봐 줄까?" （직접 나서지는 않고 아이의 활동을 옆에서 격려하는 역할）

4. 이렇게 하는 것이 맞는지, 원하는 방향인지 중간중간 아이에게 물어 확인을 받으세요.

"이렇게 하는 게 맞아?"

"이걸 여기다 끼우면 돼?"

5. 완성된 후에는 결과만을 칭찬하지 말고 과정에서 잘한 점까지 모두 칭찬해주세요.

"완성했네. 역시 천재야."

"진짜 잘했다."

⬇

"와, 정말 멋진데! 긴 네모를 잘 놓아서 이번에는 안 넘어졌네."

"부서져서 속상할 텐데 다시 잘 완성했네."

아이가 놀이를 하다가 좌절하거나 실패했을 때

"괜찮아"

한 어머니가 언어치료실에 33개월 아이를 데리고 오셨다. 아이가 이해하는 말은 많은데 발화는 하나도 하지 않고, 말은커녕 소리를 내라고 하면 입을 꼭 다물어버린다고 했다. 엄마는 난감한 표정을 지으며 말했다.

"아는 건 다른 친구들에게 뒤지지 않는 것 같은데 왜 말을 안 하는지 모르겠어요. 저는 아이한테 정말 많은 말을 해주고 기회도 주고 있거든요."

아이가 분리가 잘 안 돼 아이와 부모가 치료실에 함께 들어오게 됐다. 내가 처음에 한 일은 엄마의 말처럼 아이가 정말 많은 어휘를 알고 있는지를 확인하는 것이었다. 우선, 아이 앞에 동물 장난감과 과일 장난감, 블록 등을 놓았다. 그리고 내가 말하는 것을 아이가 잘 짚어내는지, 필요한 것들을 잘하는지, 인지적인 어려움은 없는지를 관찰했다. 아이 엄마의 말대로 아이는 정말 또래 정도의 어휘를 잘 알아들었고 수행력도 좋았다. 아이가 지시를 잘 따르고 활동하는 것을 보면서 엄마도 '내 말이 맞죠?' 하는 당당한 표정으로 나를 바라봤다.

그리고 아이는 자연스럽게 놀이 상황으로 넘어갔다. 그런데 여기에서 엄마가 갑자기 바빠지기 시작했다. 아이가 자동차를 꺼내서 놀기 시작하자 "너는 왜 자동차만 꺼내니? 거기 맥포머스 꺼내봐"라고 했다. 엄마 말을 듣고 아이는 맥포머스를 꺼내서 바닥에 자석들을 붙여가며 늘어놓기 시작했다. 그러자 엄마는 "아니, 그렇게 말고 집 만들어봐. 어제 만들어봤잖아"라고 했다.

엄마는 나와 이야기를 나누는 와중에 아이가 노는 것이 마음에 안 드는지 중간중간 간섭을 했다. 엉성하게 맥포머스를 이어 붙이던 아이가 실수를 했는지 만들어놓은 것이 부서졌고, 아이는 울상이 됐다. 그 순간을 놓치지 않고 엄마가 말했다.

"그것 봐라, 내가 그럴 줄 알았다. 그렇게 만들면 당연히 무너지지."

아이는 결국 울음을 터뜨렸다.

이 시기의 아이들은 많은 것을 혼자 해내고 싶어 한다. 그리고 많은 실패를 거치기도 한다. 사실 실패라기보다는 아직 여러모로 미숙하다 보니 제대로 해내지 못하는 것이다. 기능은 그만큼 발달하지 못한 반면 하고 싶어 하는 욕구는 높아져서 뭔가 어설프기 마련이다. 그것을 참지 못한 엄마가 도와주겠다고 팔을 걷어붙이는 순간 아이의 표정이 달라진다.

"내가 할 거야."

"내가, 내가, 내가."

아이가 '내가 하는 활동'에 대해서 고집을 피우는 것은 아이들의 일반적인 성장 과정에서 나타나는 반응이고, '나'에 대한 자아정체성이 생기는 것이기 때문에 괜찮다. 이럴 때는 아이가 도움을 요청할 때까지 기다리는 것이 좋다. 조금 엉성하고 부족해도 아이가 하는 것을 지켜봐 주는 것만으로도 충분하다. 특히 자기 스스로 하는 연습이 많이 되어 있는 아이에게는 '네가 하고 있는 것에 엄마가 관심을 가지고 있어' 정도의 반응을 보여주면 된다.

아이가 놀이에 집중할 때는 그것을 지켜보는 것이 좋다. 아이에게 언어 자극이나 놀이 자극 또는 그 밖에 어떤 도움을 준답시고 섣불리 끼어드는 것은 오히려 좋지 않다. "뭐 하니?" 하고 간섭하거나 묻기보다 아이의 놀이를 가만히 지켜보면서 엄마를 부르거나 같이 놀자고 할 때까지 기다리는 것이 좋다.

이 시기의 아이들에게는 활동하는 시간 또는 집중하는 시간이 매우 필요하다. 좋아하는 활동과 싫어하는 활동 간의 차이가 생겨 특정 활동에 대한 호불호도 분명해진다. 그렇기에 아이가 좋아하는 활동, 길게 집중할 수 있는 활동을 격려해줄 기회가 될 수 있다. 이 시기의 집중력은 결코 학습적인 활동에서 나오지 않는다. 아이가 즐거운 놀이를 하는 상황에서 좀더 원활하게 이루어진다는 점을 기억하자.

아이가 활동을 하던 중 무너지거나 부서지는 등 원하지 않는 상황이 생길 수 있는데, 이때 부모가 어떤 태도를 보이느냐도 매우 중요하다.

어른 입장에서는 '그 정도 가지고 왜 우는지', '별것 아닌 것 가지고 왜 그러는지' 싶기도 할 것이다. 하지만 아이의 감정으로 들어가볼 필요가 있다. 그 순간 아이에게는 이것이 세상 전부였다. 그러니 그 부서지고 망가진 것에 대해 아이가 어떤 감정을 느낄지를 진심으로 이해해주어야 한다.

"어머, 부서졌네."

"애써서 만들었는데 부서져서 어쩌지?"

"속상하겠다."

그리고 아이를 따뜻하게 안아주면서 "괜찮아"라고 말해주어야 한다. 일이 발생하자마자 무조건 "괜찮다"고 말하는 것은 아이의 감정을 제대로 이해한 것이 아니다. 아이가 스스로 다독일 기회를 먼저 주고, 아이의 속상함을 엄마가 충분히 이해한다는 말을 한 후, "괜찮아"라고 말해야 한다. 그런 후 아이가 원한다면, "이렇게 해볼까?"라는 질문을 이어갈 수 있다.

치료실에 왔던 33개월 아이가 말이 늘지 않았던 것은 아이보다 엄마가 말을 지나치게 많이 하고 아이가 뭔가를 이야기하도록 기다려주지 않았기 때문이다. 게다가 그 엄마는 아이의 실수나 잘못을 계속 지적하고 자신이 원하는 방향이 아니면 인정하지 않았다. 결국아이는 실수를 했고, 엄마가 실수를 혼내는 것으로 마무리됐다. 이런태도로는 아이가 도전을 할 수도 없을뿐더러, 아이는 자신의 도전을격려받거나 인정받을 수도 없는 상황에 처할 수밖에 없다.

어릴 때부터 실패나 실수의 상황에서 "괜찮다"라는 격려를 받고자란 아이들은 성장해서도 하던 일이 잘 풀리지 않거나 힘든 상황에닥쳤을 때 현명하게 대처할 수 있고 자신의 감정을 잘 추스를 수 있다. 이것은 자존감과도 연결된다. 그런 실패의 과정에서 자신이 가장믿고 좋아하는 부모의 비난을 받게 된다면, 실패는 해서는 안 되는것 또는 용납되지 않는 것이라는 다소 극단적인 생각을 갖게 될 수도 있다.

실수나 실패를 격려하는 엄마의 말

1. 아이의 실수를 계속 지적하지 마세요.

> (상황에 대해 말로 정리해주고 속상한 감정을 이해해주며) "애써서 만들었는데 부서졌네. 속상하겠다."

2. 아이가 도전을 하면서 실수하거나 실패했을 때 비난하거나 혼내지 마시고 부드럽게 격려해주세요.

"괜찮아. 누구나 실수할 수 있어."

3. 아이가 원한다면, 아이에게 구체적인 방법을 물어 다시 도전할 기회를 주는 것도 방법입니다

 "이렇게 해볼까?"

 "이렇게 해보면 어떨까?"

아이가 집중할 때까지 충분히 기다리세요

아이는 태어나면서부터 주변으로부터 끊임없이 자극을 받게 됩니다. 자신의 감각을 통해서 주위 세계를 탐색하고 다른 사람들과 유대감을 맺게 됩니다. 이런 자극이 언어 발달과 연결되기 위해서는 무엇보다 부모의 도움이 필요합니다

의사소통에서 가장 중요한 것 중 하나가 눈 맞춤이고 그다음이 공동 주의입니다. 관심 있는 하나의 활동을 놓고 엄마와 아이가 자연스럽게 눈을 맞추고 같은 목표를 가지고 활동하는 것이죠. 이런 눈 맞춤이나 공동 주의 과정이 잘 이루어지려면 아이의 삼정과 활동을 이해하고 함께해주는 과정이 반드시 필요합니다.

이 시기를 거친 24~36개월 아이들은 그야말로 언어 폭발기를 경험하게 됩니다. 24개월 무렵의 아이들은 2~3어절 이상을 이해하고 2어절 정도의 문장을 일상적으로 쓰기 시작합니다. 그런데 36개월 정도가 되면 아이의 질문과 대답, 그리고 문장 수준이 제법 어른들과 비슷해집니다. 그래서 이 시기를 어떻게 보내 언어가 어떻게 성

장하느냐가 5세 이후 아이들의 언어 수준을 예측하는 데 매우 중요한 척도가 됩니다.

다만, 이 시기의 아이들이라고 해도 아직은 '아기'이기 때문에 언어를 자극할 때는 무엇보다 아이의 관심과 호기심, 집중 과정이 있어야 합니다. 아이의 눈높이에서 매우 즐겁고 재미있게 이뤄져야 한다는 뜻입니다. 아이가 피곤해하거나 졸음을 느낄 시간을 피하고 좋아하는 매개체를 잘 선택하여, 짧고 재미있게 진행하는 것이 좋습니다.

아이들은 집중 시간이 길지 않을뿐더러 집중적인 언어 자극을 주는 시간은 길 필요가 전혀 없습니다. 매일매일 꾸준한 시간, 엄마가 함께할 수 있는 일정한 시간이면 충분합니다. 아이가 자동차를 좋아하면 자동차를 활용하고, 뽀로로를 좋아하면 뽀로로를 이용할 수 있습니다. 좋아하는 장난감을 다양한 언어 표현에 활용하면서 아이에게 질문을 던지고 아이도 질문하게 하는 것으로 놀이 방법을 늘려나갈 수 있습니다.

특히 이 시기의 아이들은 자신의 놀이 활동에 스스로 집중할 수 있습니다. 관심 있거나 좋아하는 활동이라면 더 그럴 것입니다. 놀이 활동에 집중할수록 부모와의 대화가 좀더 다양해지고 질도 높아집니다. 아이가 좋아하는 활동이나 의미 있게 생각할 수 있는 활동으로 이끈 뒤, 아이가 충분히 집중할 수 있도록 기다려주어야 합니다. 아이가 놀이에 몰두할 수 있도록 여유 있게 바라봐주는 것이야말로 아이의 언어능력을 성장시키는 데 꼭 필요한 일입니다.

모델링을 할 때는 '+1~+2' 수준으로 말해주세요

처음부터 완벽한 문장을 구사하는 아이는 절대로 없습니다. 그러므로 아이 수준에 맞는 쉬운 단어와 문장을 선택하는 것이 매우 중요합니다. 아이의 수준에 맞춰 따라 말할 기회를 주는 것을 '모방'을 유도한다고 하고, 아이에게 다양한 언어나 문장을 들려주는 것을 '모델링'이라고 합니다. 아이가 2어절 정도로 말할 수 있다면, 2어절의 문장을 들려주었을 때 따라 할 확률은 거의 100퍼센트일 것입니다. 그런데 아직 3어절로 말하는 것은 자연스럽거나 쉽지 않기 때문에 아이가 따라 할 것이라는 기대 대신에 '이렇게 말하는 것이구나' 하고 본을 보이는 것입니다.

소통하는 단어 또는 모방을 유도하는 단어는 아이 수준에 맞거나 조금 쉬워도 괜찮지만, 아이에게 의도적으로 보여주는 형태의 단어는 '+1~+2' 수준이 가장 적합합니다. 단어 수준으로 말하는 아이들은 4~5어절 문장을 이해하고 말하기는 어려워도, 짧은 2어절은 금방 자연스럽게 받아들일 수 있습니다. 단어 수준으로 말하는 아이에겐 2어절 문장 수준으로, 2어절 문장으로 말하는 아이에겐 3어절 문장 수준을 들려주는 것으로 충분합니다.

'밥'이라는 단어를 잘 말하는 아이라면 "엄마 밥", "밥 주세요"와 같이 2어절을 들려주어야만 금방 따라 할 수 있습니다. "유치원 가요"를 말할 수 있다면 "오늘 유치원 가요", "엄마와 유치원 가요", "가방

들고 유치원 가요"와 같이 문장을 확장할 수 있습니다. 그런데 부모들은 아이의 언어 수준에 맞추어서 단어 수준인 아이에게는 단어 수준으로, 2어절 수준의 문장으로 말하는 아이에게는 2어절 수준으로 말하곤 합니다. 그러면 아이는 더 늘려서 말할 수 있는 적절한 모델링을 받지 못해 언어가 현재 수준에서 정체될 수밖에 없습니다.

만약 우연히 들려준 모델링 문장을 따라 했다면, 적극적으로 반응하고 격려해주어야 합니다. 모델링이 반복되고 어휘가 늘어남에 따라 아이가 모방하는 문장의 길이는 크게 늘어날 수 있습니다.

그 연장선에서 아이의 언어 수준이 어느 정도인지 정확히 파악해야 합니다. 즉 아이의 언어 나이를 알아야 한다는 뜻입니다. 그래야 부모인 내가 하는 말이 모방할 수 있는 말인지, 모델링의 의미가 있는 말인지도 파악할 수 있습니다. 아이는 언어 나이에 따라 어휘를 사용하는 정도나 표현의 질이 달라집니다.

무엇보다 아이가 보여주는 표현이나 반응에 아낌없는 칭찬을 해주어야 합니다. 혹시 조금 틀리고 잘못됐더라도 부모가 적극적으로 반응을 보여준다면, 아이는 다음에 다시 한번 시도할 자신감을 얻습니다. 부모의 반응은 아이에게 최고의 언어 촉진제라는 것을 잊지 말아야 합니다.

24~36개월

CHAPTER 05

36~48개월

인정받고 싶어 하는 우리 아이,
규칙과 순서를 알 수 있어요

우리 아이의 발달 특성

신체 **세발자전거 타기, 공차기를 할 수 있어요**

신체를 어느 정도 조절할 수 있게 돼 속도를 조절하거나 다른 물체를 활용한 신체 놀이도 할 수 있다. 느리게 또는 빠르게 속도를 조절하며 걷거나 뛸 수 있다. 세발자전거 타기나 공차기를 자신감 있게 할 정도로 신체를 활용한 놀이를 할 수 있다. 두 다리를 번갈아 움직여 계단을 오르내리거나 한 발로 대여섯 번 깡충깡충 뛸 수 있을 정도로 몸 전체의 균형이 잡히고 다리의 힘도 발달한다.

이 시기 아이들의 움직임은 어느 연령대보다도 활발하다. 그래서 말 그대로 쉼 없이 움직이는데, 자신의 몸을 스스로 제어할 수 있고 원하는 대로 움직일 수 있다고 생각하기 때문이다. 장애물을 피해서 달릴 수 있으며, 활동 반경도 점점 커져서 다소 위험해 보이는 신체 놀이도 즐기게 된다.

눈과 손의 협응력이 발달해서 선과 형태를 따라 오리는 활동을 할 수 있고, 점선을 따라 그림을 그리는 활동도 할 수 있다. 손과 손가락을 사용하는 능력, 양손을 동시에 사용하는 기술이 늘어 단추를 끼우거나 4~5개의 구슬을 실에 꿰는 것 같은 좀더 복잡한 소근육 활동을 할 수 있다.

소근육 운동 기술이 발달하면서 서서히 혼자서 신변 처리를 할 수 있게 된다. 옷을 혼자 입고 벗기나 밥 혼자 먹기, 신발 신기와 같은 활동들이 좀더 자연스러워진다.

인지 물건 짝짓기와 범주 개념이 생겨요

이 연령이 되면 다양한 인지 개념이 발달한다. 보고 듣거나 참여한 것들에 대해서 어느 정도까지는 기억해서 말할 수 있다. 놀이나 활동을 할 때 집중할 수 있는 시간이 20분 이상으로 늘어난다.

아직은 논리적으로 해석하거나 설명하는 능력은 부족하지만, 상상력이 발달하여 다양한 이야기를 상상해서 말하거나 지어낼 수 있다. 자신이 경험한 일과 상상한 이야기를 구별하지 못하기도 하고, 하지 않은 일을 했다고 말하기도 한다. 책에서 읽거나 텔레비전에서 본 이야기를 실제로 경험한 것처럼 생각할 수도 있고, 가상의 사물이 어디에 숨어 있다면서 같이 찾아보자고 하는 등 상상력을 발휘한 놀이를 제안하기도 한다.

완벽하지는 않지만 공간, 수-양 등의 개념을 어느 정도는 이해하기 시작한다. 질감, 모양, 색 등 여러 가지 특성을 반영하여 사물을 판단하지 못하고 자신이 생각하는 한 가지 특성에 맞추어서 사물을 이해하는 경향이 있다.

단순한 기준에 맞추어서 구분할 수 있고, 순서대로 배치할 수 있게 돼 간단한 분류나 수놀이 등을 할 수 있다. 범주나 짝 개념이 생겨서 과일, 동물, 자동차 등 물건의 특정 범주에 맞추어서 물건들을 분류해낼 수 있다. '많다-적다', '길다-짧다', '위-아래' 등 상대적인 개념을 자연스럽게 받아들이게 된다. '과거'와 '미래'를 구분할 수 있고 '낮과 밤', '여름과 겨울', '나중에', '이따가' 등과 같은 시간과 관련된 추상적인 표현도 어느 정도 이해한다. '같다', '다르다'를 넘어서 '더 크다', '더 작다'와 같은 비교급도 이해하게 된다. 오른쪽과 왼쪽을 구분해서 사용하기는 하지만 아직은 방향의 중심을 자신에 두고 생각하는 경향을 보인다.

언어 자신의 경험을 나눌 수 있어요

단어를 연결해 제법 긴 문장을 구사할 정도로 언어능력이 자라게 된다. 아이마다 개인차가 있기는 하지만, 대부분이 많은 단어를 이해하고 말할 수 있다. 문장의 기본 구조를 알게 돼 단어를 조합해 다양한 의사 표현을 할 수 있다.

간단한 두 가지 사건을 일어난 순서에 따라 이야기할 수 있다. 긴 대화에 참여할 수 있고, 모든 의문사(누가, 무엇을, 어디서, 언제, 왜, 어떻게)를 사용할 수 있으며, '왜냐하면'이라는 표현을 쓰기 시작하는 때다. 문장과 문장이 연결된 복잡한 복문도 쓸 수 있다("나는 밥 먹고 엄마랑 시장에 갈 거야", "아까 우유를 마셔서 배가 고프지 않아"). "엄마 나 밥 먹여줘", "신발 신겨줘"와 같은 수동형 문장도 이해하고 표현할 수 있다.

단어를 이용해서 말장난을 하기도 하고 수수께끼 문제를 낼 수 있다. 물건의 기능을 이해할 수 있다(빗-머리 빗는 것, 칫솔-이 닦는 것). 두 가지 이상의 지시를 수행할 수 있게 돼 "냉장고에서 우유 꺼내고 식탁에서 컵 가져와" 같은 지시를 따를 수 있다. 두 가지 또는 그 이상의 지시어를 기억하고 수행하는 능력이 생긴 것이다.

이 시기 아이들은 다른 사람들에게 자신의 간단한 경험을 이야기할 수 있고, 짧은 이야기도 기억해서 말할 수 있다. 하지만 아직도 조사 사용이나 시간적 측면에서 문법적 오류가 일부 나타난다. 조사를 두 번 겹쳐서 "밥을이가 먹었어"와 같이 쓰거나 "내일 기차 타고 할머니 집에 갔어"와 같이 과거형이나 미래형 시제를 혼동해서 쓰기도 한다.

대부분 자음을 올바르게 발음할 수 있지만 아직 'ㅅ'이나 'ㄹ'은 발음하기 어려워하는 아이들도 있다. 그러다 보니 발음이 때때로 혀짧은 소리같이 느껴지기도 한다.

자기주장이 늘고 인정받고 싶어 해요

스스로 하고 싶어 하는 것이 많아지고 자기주장이 강해진다. 언어적·인지적으로 성장하므로 선호도가 분명해지고 자신이 하고 싶은 내용에 대해서 적극적으로 주장을 펼칠 수 있다. 고집이 늘어나기는 하지만 언어적으로 협상이 가능하고, 무조건 거부하기보다는 어른들의 말을 어느 정도 수용할 수 있다.

다른 사람에 대한 관심과 호기심도 늘어나 타인과의 본격적인 소통이 이루어진다. 다른 아이들에게 먼저 말을 걸 수 있고, "같이 놀자", "○○ 할래?"와 같이 다양한 표현으로 놀이를 시작할 수 있다. 친숙한 어른들에게 "안녕하세요?" 하고 먼저 인사를 할 수 있다. 친구들과 노는 것을 즐기며 친구들과 장난감을 바꾸어 놀거나 상호 소통하는 일이 늘어난다. 또한 타인의 감정을 살피기 시작한다. 한창 놀다가도 엄마의 표정이 심각해지면 눈치를 살피기도 하고 "화났어?" 하고 물어보기도 한다.

어른이 이끄는 집단에서 차례 지키기나 규칙 따르기를 할 수 있다. 집단 안에서 규칙을 인지하면 지키려고 노력한다. 집단생활에서 규칙의 중요성을 인정하고 위험한 행동을 미리 피하거나 줄여나갈 수 있다. 엄마 아빠의 모습을 구체적으로 흉내 내거나 행동을 모방하기도 한다.

칭찬이나 인정에 매우 민감하며 어른들의 칭찬을 받고 싶어 한다. 인정을 받으면 매우 좋아하고 활동에 더욱 적극적으로 참여한다.

"어떻게 하면 좋을까?"

아이가 주전자를 들고 컵에 물을 따르다가 그만 쏟고 말았다. 아이는 매우 난감해하며 엄마에게 혼날까 봐 걱정한다. 아이가 장난한 것이 아니라 실수한 상황이 명백하다면 그리고 그 상황이 위험한 것이 아니었다면, 아이가 놀라지 않게 해주는 것이 좋다. 아이는 이미 실수했다는 것만으로도 이미 충분히 당황한 상황이기 때문이다. 일단 안심을 시킨 후 아이에게 물어본다.

"다음에 이렇게 물을 안 쏟으려면 어떻게 해야 할까?"

갑자기 추워졌다. 외출해서 돌아오니 집이 냉골이다. 아이도 몸을 잔뜩 웅크리며 말한다.

"엄마, 추워."

그러면 많은 엄마는 이렇게 말할 것이다.

"지금 보일러 켰어."

추위에 대한 해결책으로 난방 버튼을 눌렀다고 말한 것이다. 이런 경우 이렇게 물어보면 아이에게 언어 자극을 줄 수 있다.

"날씨가 추운데 어떻게 하면 좋을까?"

"보일러를 지금 켜서 바로 따뜻해지지 않을 텐데 어떻게 하면 좋을까?"

할머니 집에 왔다가 집으로 돌아가는 길이다. 집에서 할머니 집으로 올 때는 버스를 탔다. 그런데 집으로 돌아가는 버스편 시각을 보니 한참 남았다. 날씨도 덥고 햇볕도 뜨거운데 버스 정류장에서 너무 많이 기다려야 할 것 같다. 엄마가 아이에게 묻는다.

"버스는 한참 기다려야 올 것 같은데 무엇을 타면 좋을까?"

여기에서 우리는 스키마(schema)라는 개념을 떠올려볼 수 있다. 스키마는 외부로부터의 정보를 조직화하고 인식하는 범주를 말한다. 특히 피아제는 아이의 지적 발달에 기여하는 개념을 스키마라고 볼 정도로 중요하게 생각했다. 사람들은 새로운 정보를 접하면 가장 먼저 기존의 스키마와 비슷한지 아닌지를 판단해본다. 따라서 새로운 상황에서의 지식은 현재 유입되는 정보와 기존의 스키마에 기초해서 발달한다. 예컨대 아이들은 스키마를 통해서 새로운 지식을 쉽게 흡수할 수 있으며, 어떤 정보를 접했을 때 받아들일지 말지를 기존의 스키마를 바탕으로 선택한다.

부모들은 이런 스키마 개념을 바탕으로 아이의 언어와 인지 측면의 문제 해결력이 발달할 수 있도록 도와야 한다. 이 시기의 아이들은 문제 해결과 관련된 언어능력이 발달하는데, 부모들은 대개 답을 미리 제시하곤 한다.

"조심해야지. 물을 마시고 싶으면 엄마를 불러. 컵에 물을 따르는 건 아직 네가 하기는 어려우니까", "얼른 보일러 켤 테니 잠시만 옷을 벗지 말고 기다려", "버스는 오래 기다려야 하니까 지하철을 타자"와 같이 문제에 대해 이야기하고 해결 방법까지 말해버린다. 아이의 생각이나 해결 방법은 중요하지 않다는 것이다.

"어떻게 하면 좋을까?" 하는 질문에 익숙하지 않은 아이라면, "몰라"라고 답할 확률이 높다. 이런 질문을 받아본 경험도 적거니와 좋은 방법이 얼른 떠오르지 않기 때문이다. 아직 경험이 부족해서 여러 선택지를 생각해내지 못할 수도 있다. 아이가 나름대로 해결 방안을 이야기한다면 오히려 대견하다고 봐야 한다. 아이가 내놓은 해결 방안이 세련되지 않거나 딱 맞지 않는 것이더라도 적극적으로 반응해주자.

아이가 제대로 답을 하지 못한다면 엄마가 다양한 예를 들어주어도 좋다. 앞서의 상황들이라면 "잠시만 더 겉옷을 입고 있을까?", "이

불을 좀 덮고 있을까 아니면 따뜻한 코코아를 마시면 어떨까?", "지하철을 타고 갈까 아니면 날이 너무 더우니까 택시를 탈까?" 등의 예를 제시할 수 있다. 그렇게 해결책들을 제시하고 난 후 여러 개의 선택지 중에 하나를 고르게 해도 좋다. "너라면 어떤 걸로 할 것 같아?", "뭐가 제일 좋은 것 같아?"라고 말이다. 처음에는 이것 중 하나를 골라본 경험이 중요하다. 이런 일이 여러 번 반복되면 다음에는 "어떻게 하면 좋을까?" 하는 질문에 아이 스스로도 문제를 해결하기 위해 다양한 방법을 고민하게 된다.

아이들은 경험을 바탕으로 여러 가지 태도와 행동을 습득한다. 만약 어떤 상황에서 부모가 해결 방법을 정하고 그대로 해버린다면 아이들은 문제 해결을 스스로 생각해본 경험을 가질 수 없다.

반면, 이런 상황에서 다양한 해결 방법을 경험해본 아이들은 비슷한 상황이 발생했을 때 '이렇게 하면 되겠다'와 같은 스키마가 발달하게 된다. 다음에 비슷한 장소나 상황에서 컵에 물을 따라야 하는 경우가 생기거나 추운 날씨에 집에 들어오는 상황이 생기면, 이전의 경험과 부모의 질문 그리고 답을 떠올리며 문제를 해결할 방법을 스스로 떠올리게 된다.

'물을 따를 때는 컵과 물병을 잘 잡으면 쏟지 않아.'

'잠시만 이불에 들어가 있다가 나오면 돼.'

'지하철역까지 걸어가는 것보다 버스를 기다리는 게 더 나아.'

이 시기를 지나면 아이들에게는 눈앞에 놓인 많은 상황이 문제 해결 과제로 이어질 가능성이 크다. 스키마는 경험하지 않으면 발달하지 않는다. 부모의 질문이 아이의 생각을 유도하여 비슷한 상황에서 어떻게 대처할 수 있는지 다양한 방법을 제시할 수 있어야 한다. 처음에는 여러 가지 방법 중에서 선택하게 하고, 나중에는 아이가 자기 생각을 이야기할 수 있도록 질문하는 방법이 좋다.

생각을 키우는 엄마의 말

1. 미리 답을 알려주지 말고 아이에게 질문하세요.

(아이의 답을 기다리지 않고) "낮 동안 비웠더니 집이 춥네. 옷을 좀더 입고 있자. 얼른 보일러를 켜자."

↓

"어떻게 하면 덜 추울까?"

2. 답을 찾기 어려워한다면 예를 들어주면서 방법을 선택하게 하세요.

"집이 춥네. 옷을 좀더 입고 있거나 얼른 보일러를 켜거나 따뜻한 걸 마시면 될 것 같은데, 너는 어떻게 하면 좋겠어?"

3. 아이가 스스로 해결 방법을 찾았다면, 조금 부족하고 유치하더라도 격려하고 칭찬해주세요.

"남극을 상상해본다니, 지금 추위를 잊을 수 있겠네. 정말 재미있는 생각이구나."

"울라프가 되어서 녹을 수 있다는 생각을 하다니 정말 기발하다."

"차례차례 해보자"

장난감을 정리하라는 말을 아무리 입에 달고 살아도, 아이가 있는 대부분의 가정에서는 잘 정돈된 집 안 풍경을 보기가 쉽지 않다. 바닥에 굴러다니는 장난감을 잘못 밟아서 눈물이 핑 돌았던 경험이 다들 한두 번은 있을 것이다. 밖에서 놀다 들어온 아이에게 "손부터 씻어" 하고 소리를 지르지만, 아이는 어느새 자기 방으로 쏙 들어가 버린다.

아이들에게 "~해라", "이거 안 할 거야?" 하고 소리를 지르면서 살고 싶은 부모는 없을 것이다. 그런데 막상 상황이 닥치면 자기도 모르게 소리를 지르게 된다. 부모 입장에서는 소리를 질러놓고도 잔뜩 주눅이 들거나 '이 순간만 잘 넘기자' 하는 아이들의 표정을 보면 속이 상한다. 그리고 이내 소리를 지른 사실이 후회스러워진다. 아이에게 소리 지르지 않고, 해야 할 일을 전달할 수 있는 좋은 방법은 없을까.

대부분의 아이는 이 시기가 되면 어린이집이나 유치원과 같은 유아 교육기관에 다니기 시작한다. 이때부터 아이들은 단체 안에서 자율성도 발달하고 스스로 해야 하는 일도 늘어난다. 따라서 규칙 지키기와 관련된 기초 교육을 하기 적당한 때다.

이 시기에는 사회적인 룰과 규칙을 정확하게 가르쳐야 한다. 일상생활로 이어지는 정리하기나 양치질하기, 손 씻기, 인사하기와 같은 기본적인 규칙과 예절을 지킬 수 있도록 알려주어야 한다.

다른 아이들과의 놀이 상황에서도 마찬가지다. 이 시기의 아이들은 간단한 주사위 게임이나 보드게임을 하면서 친구들이나 가족들과 어울려 논다. 그러다 보면 아이들과 충돌이 생기거나 순서가 혼동되는 경우도 발생하는데, 이럴 때 양보하기나 차례 지키기 같은 사회적 규칙을 가르쳐주어야 한다.

사회적 규칙을 알려줄 때는 부모의 태도가 중요하다. 아이 때문에 화를 내거나 다쳐본 경험이 쌓이다 보면 쉽게 소리를 지르게 되고, 감정적으로 격해진 상황에서 아이에게 강압적으로 이야기하게 된다. 그런데 이런 상황에 익숙해진 아이들은 순간의 상황을 벗어나는 것에만 관심을 둘 뿐, 실제로 장난감을 치우거나 방을 정리하지는 않는다. 그런 아이들은 사회적 규칙이나 예절을 습관화하기가 쉽지 않다.

아울러 방법을 알려줄 때도 아이가 받아들일 수 있도록 쉽게 전달하는 것이 매우 중요하다. 이 시기가 되면 아이들은 규칙을 잘 지켰을 때 어른들로부터 인정받고 칭찬을 받는다는 것을 잘 안다. 이런 정서 발달 단계를 염두에 두면 더 나은 방법을 찾을 수 있다. 예컨대 아이는 "이렇게 해"라는 말은 잘 기억하지 못한다. 대신 '이렇게 하는 것이 맞구나' 하고 받아들이면 스스로 행동을 바꾸게 된다.

손을 씻거나 양치질을 해야 한다면 아이에게 이렇게 묻는 것이 좋다.

"자, 집에 들어왔어. 무엇부터 해야 할까?"

"아까 밥 먹었지? 이제 잠을 자야 하는데 무엇을 해야 할까?"

아이들은 대답을 누구보다 잘 알고 있다. 답이 정해져 있더라도 강요하지 말고, 아이가 스스로 답을 찾도록 하는 것이 좋다. 위의 첫 번째 질문에 대해 아이가 "손도 씻어야 하고 옷도 벗어야 하고 양말도 벗어야 해요"라고 답했다면, 이렇게 말해준다.

"우리 차례차례 해보자. 무엇부터 하면 좋을까?"

아이에게 규칙을 알려줄 때 "차례차례 해보자"라고 말하는 것은 아이 스스로 순서에 대한 그림을 그리게 한다는 점에서 의미가 있다. 어떤 것을 해야 하는지 스스로 생각하게 하고, 그것을 순서내로 어떻게 하면 되는지를 도식화해서 정리할 수 있게 해주는 것이다.

"차례차례 해보자"라고 하면 아이들은 대부분 자신이 생각한 순서를 말한다. 그 순서가 크게 문제가 되지 않는다면 생각한 순서대로 하게 하면 된다. 옷을 벗고 손을 씻든 손을 씻고 옷을 벗든 말이다. 예측 가능한 상황이나 결과에 대해서 약간의 조언은 할 수 있을 것이다.

"옷을 벗지 않고 손부터 씻으면 옷이 젖을 텐데 괜찮겠어?"

아이가 정한 순서가 손 씻고 옷을 벗는 것이었다면, 손을 씻을 때 소매가 젖는 경험을 하게 될 확률이 높다. 그러면 다음에는 옷부터 벗을지도 모른다. 어찌 됐든 아이가 자신이 정한 순서를 따르며 활동하는 경험을 해본다는 것이 중요하다.

아이들과의 놀이 상황에서도 차례차례 해보는 것은 매우 중요하다. 아이들은 기본적으로 미끄럼틀이나 시소 등에서 순서를 지켜 차례차례 이용해야 한다는 것을 너무나도 잘 알고 있다. 그런데 때로는 승부욕 때문에 무조건 이기려고 룰을 어기거나 눈치를 보며 속이는 행동이 나타나기도 하는데, 이런 행동이 나쁘다는 사실을 아이도 알아야 한다. 규칙과 차례가 필요한 상황에서 친구들과 다툼이 발생했을 때도 아이에게 이렇게 물어보는 게 좋다.

"이런 상황에서 어떻게 하면 좋겠니?"

대부분 아이는 도덕적으로나 인지적으로 맞는 답을 골라낸다.

"저 친구 다음에 제가 타면 될 것 같아요."

"주사위가 3이 나왔으니까 3칸만 가는 게 맞아요."

'차례차례 해보자'는 기다림을 전제로 한다. 자신이 하고 싶은 일을 참고, 정해진 순서와 규칙을 먼저 따라야 하는 경우도 생긴다. 아이가 사회적 규칙과 자율성을 잘 실천했을 때는 "정말 잘했어", "잘 지켜줘서 고마워"와 같이 부모가 인정해주고 격려해주어야 한다.

사회적 규칙을 지키는 아이를 만드는 엄마의 말

1. 무조건 화를 내거나 소리를 지르지 마세요.

🙍 "나갔다 오면 손 씻으라고 했어, 안 했어!"

🙍 "몇 번이나 말했는데 아직도 장난감을 안 치운 거야?"

🙍 "엄마가 시키는 대로 해."

2. 아이가 답을 찾을 수 있도록 무엇을 해야 할지 순서를 물어보세요.

🧒 "밖에 나갔다 왔으니 뭘 해야 하지?"

🧒 "장난감 다 가지고 놀았으면 어떻게 정리하면 될까?"

🧒 "이것 다음에는 뭘 해야 할까?"

🧒 "그럼 정한 순서대로 해볼까?"

아이가 부산한 행동을 할 때

"잘 들어봐"

언어치료실에 48개월이 다 되어가는 아이가 있었다. 처음 만났을 때 24개월 정도였는데, 당시는 언어 수준이 또래보다 1년 이상 낮아서 할 줄 아는 말이 거의 없을 정도였다. 그러다 보니 부모님이 무척 걱정이 돼서 치료실을 찾은 것이다. 그래도 다행히 아이의 인지 수준이 나쁘지 않아서 또래 언어 수준을 부지런히 쫓아갔다. 언어능력이 또래보다 3~4개월 떨어지는 정도까지 올라갔을 때, 나이가 비슷한 다른 아이와 짝이 되어 수업을 받게 됐다. 이제 언어능력이 많이 자라서 내 앞에서는 이런저런 이야기도 잘하고 내 질문에 곧잘 대답도 했기에 짝 수업에도 무리가 없을 것으로 기대했다.

그런데 아이는 나와 1:1 상황에서 대화하던 패턴과는 다른 모습을 보였다. 그룹 수업의 특성상 친구들 사이의 대화나 언어 촉진이 중요할 수밖에 없는데, 아이의 말하는 특성이나 상대방의 말에 집중하는 특성이 좀더 두드러졌다. 친구에게 말을 걸고 말하기를 좋아하는 것은 분명했는데, 가장 큰 문제는 친구의 말을 제대로 들으려고 하지 않았다. 자기 말만 하는 것을 좋아해서 나중에는 상대방 친구가 인내심을 발휘하기 어려워했다. 그 아이는 상대방 친구가 묻는 말에는 대답을 하지 않고 다른 말을 하거나, 친구에게 질문을 해놓고 대답을 제대로 듣지 않는 모습을 보였던 것이다.

이런 식이면 친구들과 대화를 나누기가 쉽지 않다. 친구가 묻는 말에 대답을 하고, 자신이 상대방에게 무엇을 물었다면 무슨 말을 하는지 잘 듣는 것도 매우 중요하다. 자기 말만 하는 친구를 누가 좋아하겠는가. 48개월이 가까워지는 아이들은 자신이 아는 이야기를 최대한 길고 재미있게 풀어가는 능력이 충분히 갖추어져 있다. 그래서 자기 이야기를 하는 것에만 초점이 맞추어질 수 있는데, 사실 그보다 더 중요한 것은 상대방의 말이나 전하고자 하는 지식에 귀를 기울이는 일이다.

아이의 부모님께 여쭈어봤더니 집에서의 양상도 비슷했다. 부모한테 뭔가를 물어보고는 대답을 듣지 않고 가버리기도 하고, 엄마가 하는 말에 건성으로 대답하고 나중에 다시 확인하면 모른다거나 듣지 못했다고 하는 일이 많았다고 한다. 아이의 언어능력으로 봐서는 그런 말을 이해하지 못하거나 다른 말로 이해한다고는 생각하기 어려웠다. 결국 말에 대한 집중 문제였던 것이다.

그래서 아이에게 매 순간 한 말이 있다.

"잘 들어봐."

"친구 말을 집중해서 잘 들어봐."

"뭐라고 하는지 열심히 들어봐."

만약 언어적으로 늦고 소통하고자 하는 욕구가 떨어지는 아이라면 상대방의 이야기나 전하고자 하는 지식에 집중하라는 사인을 주면서 이야기해야 한다. 대화를 재미있게 하려면 상대방의 말을 잘 듣고 상대방의 말에서 무엇을 다시 이야기해야 하는지 생각해봐야한다. 언어능력이 조금 뒤처지는 아이라면 특히 어렵거나 중요한 말일수록 "잘 들어봐" 하고 이야기하는 것이 좋다. 부모의 잘 들어보라는 말이 집중하라는 사인이 되어 아이는 더욱 집중하게 된다. 잘 듣는 것이 의사소통의 기본이고 상대방의 마음이나 의도를 파악하는 첫걸음이다.

의사소통이라는 측면에서도 그렇지만, 인지 발달 등 아이들의 특성을 살펴볼 때도 집중하는 기술은 매우 중요하다. 부모라면 한 번쯤은 "하늘은 왜 파래?", "할머니 머리카락은 왜 흰색이야?", "파도는 어디에서 와?", "아기는 어떻게 생겨?"와 같은 당황스러운 질문을 받아봤을 것이다. 이 시기 아이들이 가장 많이 하는 질문 중 하나가 "왜?"이다. 대답을 해주다 보면 부모라 해도 지식이 부족한 부분이 있기도 하고 이렇게 설명하는 것이 맞나 싶어질 때도 있다. 때로는 아이의 질문 수준이라기엔 상당히 높아 보이는 것들도 많다.

아이들은 이제 자신이나 자신을 둘러싸고 있는 세계, 즉 부모나 가족, 가정 등에서 벗어나 사회과학적인 현상을 많이 물어보고 관심을 가지게 된다. 호기심도 어느 때보다 커지고 궁금한 점도 많이 생기는 나이인 것이다.

관심사가 다양한 분야로 늘어나는 만큼 집중의 질도 좋아져야 하고, 집중하는 시간도 늘어나야 한다. 궁금한 점을 물어본 뒤 반짝이는 눈으로 엄마를 바라보면서 뭐라고 대답하는지 집중해서 들어야 한다. 때로는 부모의 대답을 듣고 궁금한 내용을 덧붙여서 다시 질문하기도 한다. 아이의 질문에 열심히 대답하는 부모의 태도 못지않게 아이도 열심히 집중하는 시기다.

그런데 요즘 아이들은 스마트폰이나 영상 매체에 과도하게 노출되어 있기 때문에 정보나 지식을 말로 전달할 때는 잘 집중하지 못한다. 말로만 되어 있는 정보를 어려워하고, 시각적 정보를 함께 제시해주지 않으면 제대로 이해하지 못하기도 한다. 외부로부터 들어오는 정보를 받아들이는 능력 중 하나가 바로 듣기인데, 제대로 집중하는 능력이 갖추어지지 않으면 이후의 소통 과정에서 어려움을 겪을 수밖에 없다.

이럴 때, 아이들이 상대방의 말에 집중할 수 있도록 '잘 들어봐'라는 사인을 주는 것이 매우 중요하다. 꼭 필요한 말과 중요한 정보를 귀담아듣게 하는 말이다. 이때부터 집중에 대한 훈련이 잘 이루어지면, 이후에도 정보가 많고 다양하더라도 필요한 정보에 대해서는 충분히 집중할 수 있다. 다만, 이 말을 지나치게 자주 사용할 필요는 없다. 아이가 꼭 알아야 할 이야기, 아이가 먼저 물어봐서 답해주는 내용에 대해서는 잘 들어보라는 사인을 주어야 한다.

"어려운 내용이라 잘 들어야 이해가 될 수 있어."

"잘 들어야 내용이 잘 이해되지 않을까?"

"우리 ○○이, 잘 들어봐."

이런 부모의 말은 아이가 상대방의 말에 집중하는 능력을 키워준다. 말에 집중한다는 것은 말의 정보나 내용에 집중하는 데 도움을 준다.

아이를 집중시키는 엄마의 말

1. 눈을 마주치며 "잘 들어봐"라고 말해주세요.

2. 자기 생각을 말하는 것만큼 상대방의 말을 잘 듣는 것도 중요하다는 것을 알려주세요.

"우리 친구 말도 한번 들어볼까?"

"엄마 말하는 것 잘 들어봐."

36~48개월

"무엇을 먼저 해야 할까?"

일의 순서나 다음에 일어날 일을 알면 모든 상황에 좀더 유연하게 대처할 수 있는데도 대부분 아이는 막무가내로 자신이 하고 싶은 일만 하겠다고 한다. 빨래를 개는 엄마 옆에서 아이가 떼를 쓰며 "나도 해볼래"라고 한다거나 싱크대 옆에 서서 "나도 씻어볼래"라고 말하곤 한다. 이런 경우 대부분 엄마는 '내가 하는 게 훨씬 빠른데', '아이가 씻으면 물이 다 튀어서 엉망이 될 텐데' 하는 이유로 "아니야, 엄마가 할게. 너는 딴 데 가서 놀아" 하고 말한다.

이 시기의 아이들은 주변의 일에 관심을 가지고 스스로 할 수 있다. 부모들은 하고 싶은 활동에 적극적으로 도전하고 한번 생각한 일은 끝까지 마무리할 수 있도록 아이를 이끌어야 한다.

그러나 이이가 '내가 하겠다'는 의사 표시를 한다면 기회를 주는 것이 좋다. 대신 다음에 일어날 수 있는 상황이나 예측이 가능한 상황을 설명해 미리 알 수 있게 해주어야 한다. 그러면 걱정하는 문제가 발생할 가능성을 줄일 수 있다.

아이의 인형들이 더러워져서 씻어야 하는 상황이다. 만약 아이가 인형 씻는 일을 돕겠다고 한다면 먼저 아이와 이야기를 나눠보는 것이 좋다. 화장실 대야에 물 받아 인형부터 담갔다가는 '다시는 아이와 함께 인형을 씻으면 안 되겠구나', '예상대로 욕실이 정말 엉망이 되네. 일이 더 많아졌어' 하는 결론을 얻게 될 수도 있다. 아이 역시 마찬가지다. 처음에는 호기심에서 활동을 시작했지만 "이렇게 해야지", "어휴 물이 튀잖아", "옷 다 버렸어?", "옷 적시지 않게 조심하라고 했잖아", "이거 어떻게 하려고 그러니?"와 같이 계속 이어지는 엄마의 잔소리에 '엄마랑은 앞으로 절대 같이 안 할 거야' 하는 생각을 할 수 있다. 그러다 보면 아이도 슬슬 짜증이 나고 결국 울음을 터뜨리는 상황이 생길 수도 있다.

씻어야 할 인형을 옆에다 두고 "이 인형들을 씻겨줄 건데 무엇을 먼저 해야 할까?"라고 물어 "큰 대야에 물을 받아야 해요" 또는 "물에다 인형을 담가야 해요"와 같이 무엇을 먼저 할지를 아이에게 정하게 한다. 첫 활동만 잘 참여해도 아이들은 자신이 뭔가 일을 크게 도와주거나 많이 함께한 것으로 생각한다. 또는 아이에게 선택할 수 있도록 해주어도 좋다.

"엄마가 인형을 씻을 건데 우리 ○○이는 무엇을 먼저 하면 좋을까?

담그는 것을 먼저 할까, 아니면 비누로 문지르는 것을 먼저 할까?"

명절 음식을 만드는 상황에서 딸과 아들이 옆에 붙어 앉아 자기도 돕겠다고 했다. 나는 보통 전을 굽는 담당이어서 그날도 호박이며 꼬치 재료, 동그랑땡과 계란, 밀가루 등을 앞에 놓고 앉았다. 둘째가 40개월쯤이었을 때라 나로서는 아이가 옆에 앉아 있는 것만으로도 상당히 부담스러웠다. 밀가루를 사용해야 하는 데다 심지어 옆에 불까지 있다 보니 위험하다는 생각이 들었다. "안 도와줘도 돼", "저리 가서 놀아" 하는 말이 목까지 올라왔지만 꾹 누르고 말했다.

"자 그럼, 우리 요리를 하기 전에 무엇부터 해야 할까?"

아이들은 그 말을 하자마자 "손부터 씻어야 해요"라고 했다. 그러고는 시키지도 않았는데 둘 다 바로 손을 씻으러 갔다. 자신이 하고 싶은 일 앞에서 먼저 무엇을 해야 할지 명확하게 알고 있었던 것이다.

"너는 여기에서 무엇을 제일 먼저 해보고 싶니?"

딸아이는 제일 옷을 망치기 쉬운 밀가루를 가리켰다. 솔직히 절망했지만 마음을 단단히 먹었다. 딸에게는 밀가루 묻히는 것만 하게 하고 이렇게 말했다.

"옷에 밀가루가 묻을 수 있어, 소매부터 걷자."

아들은 이쑤시개에 꼬치 끼우기를 하고 싶다고 했다. 나는 순서를 알려주었다.

"꼬치를 꽂기 전에 잘 봐. 여기 재료를 순서대로 잘 봐야 해. 맛살

다음에 고기, 다음에 파. 이렇게 순서대로 꽂아야 해."

예측할 수 있는 상황도 미리 알려주었다.

"밀가루를 흘리거나 옷에 묻지 않도록 조심해야 해."

"이쑤시개가 잘 들어가는 것도 있지만 잘 안 들어가는 것도 있을 거야. 찔리지 않도록 조심해야 해."

그러나 역시 애들이라서 밀가루를 흘리거나 이쑤시개에 너무 힘을 줘서 부러지는 사고도 있었다. 깔끔떨던 딸이라 옷에 밀가루가 묻자 인상을 조금 찡그리기는 했지만 그냥 넘어가 주었다.

결론부터 말하자면 둘 다 이 일을 끝까지 해내지는 못했다. 아이들의 집중력도 그렇고 재미가 있는 일도 아니었기 때문이다. 그런데 아이들은 처음의 일, 처음 선택한 일을 했다는 것만으로도 자기들이 다 한 양 기분 좋아했다. 물론 아이들이 남겨놓은 밀가루와 꼬치의 흔적이 어땠을지는 상상한 대로다.

"무엇을 먼저 해야 할까?"는 가장 먼저 해야 하는 것이 무엇인지 알게 해줄 뿐 아니라 일의 순서를 생각하게 해준다.

먼저 해야 할 것부터 나중에 해야 할 것을 정해 일의 순서를 제대로 알려주고 순서화할 수 있으면, 아이는 자신에게 주어진 일을 충분히 잘 해낼 수 있다. 순서의 기본은 '처음에 무엇을 할지'를 정하는 것이다. 그리고 일어날 일("밀가루가 옷에 묻을 수 있어", "이쑤시개가 잘 안 들어가는 것도 있어")에 대해서 그런 일이 없도록 하려면 어떻게 하면 좋을지("소매를 걷자", "찔리지 않도록 조심해야 해")를 알려주면 된다. 그러면 아이들은 자신의 행동을 통제하고 마무리하기 위해서 노력을 기울이게 된다.

　스스로 생각하는 능력이 좀더 있는 아이라면 "무엇을 먼저 해야 할까?", "~하지 않게 하려면 무엇을 해야 할까?"라고 묻고 대답하게 하는 것도 방법이다. "밀가루가 옷에 묻지 않게 하려면 어떻게 해야 할까?", "이쑤시개가 잘 안 들어갈 수 있으니 어떻게 해야 할까?"라는 질문을 던지고 아이가 스스로 답을 하게 하는 것이다. 당연히 시간과 노력은 혼자 할 때보다 더 많이 들고 정리와 마무리도 부모의 몫이지만, 순서를 만들어보고 직접 활동을 해본 아이들은 다음에 다른 일을 만났을 때 스스로 순서를 만들어볼 수 있다.

일의 순서를 알려주는 엄마의 말

아이가 '내가 해보고 싶나'는 의사표시를 하면 다음과 같은 순서로 아이와 이야기해보세요.

1. "처음에 무엇부터 할까(해야 할까)?"를 먼저 물어보세요.

　😊 "이거 만들기 전에 무엇부터 해야 할까?"

2. 그다음 순서를 서로 이야기해보세요.

3. 일어날 수 있는 일에 대해 미리 말해주고, 어떻게 하면 좋을지 물어보세요.

　😊 "옷이 더럽혀질 수도 있어, 어떻게 하면 좋을까?"

장재진 언어치료사가 전하는 언어 발달 tip

다양한 의문사를 사용해서 아이에게 질문하세요

의문사란 '누가', '어디서', '무엇을', '언제', '어떻게', '왜' 등 우리가 흔히 5W 1H라고 하는 것을 말합니다. 의문사를 이해한다는 것은 상대방의 질문에 대답할 수 있다는 것이고, 문장을 능숙하게 이야기할 수 있다는 뜻이기도 합니다. 의문사 중에 가장 쉬운 것이 '누가', '무엇을'입니다. "누구야?"나 "뭐야?"는 24개월 전후면 이해할 수 있는 의문사입니다. 이 질문은 구체적인 사물을 지칭하기 때문에 쉽게 느껴집니다. '누가'는 '엄마, 아빠, 할머니, 선생님' 등과 같이 주변에서 볼 수 있는 인물이라는 점에서 대답을 쉽게 찾을 수 있습니다. 그리고 '어디서' 역시 '학교, 유치원, 백화점, 시장' 등 구체적인 대상을 지칭하기 때문에 아이도 엄마도 어렵지 않게 접근할 수 있습니다.

하지만 '언제'는 추상적인 시간 개념(아침, 점심, 저녁, 어제, 내일)이 포함되기 때문에 쉽지 않고, "어떻게?"나 "왜?"는 대답하는 사람의 생각이나 느낌이 많이 필요하다는 측면에서 이 시기는 되어야 정확하

36~48개월

게 이해하고 대답할 수 있습니다.

일상적인 대화에서 의문사를 활용해 질문하고 대답하는 것으로 의문사는 충분히 이해할 수 있습니다. 혹시 대화에서 매개체가 필요하다면 책이나 사진이 좋습니다. 보통은 책의 한 장면을 펼쳐놓고 그 장면을 보면서 아이와 대화를 나누며 의문사에 대한 대답을 유도하기도 합니다. 아이가 좋아하는 책이 있다면 더욱 좋습니다. 아이가 좋아하는 그림책의 한 장면을 펴놓고 "표정이 어떠니?", "언제 이런 표정을 지을까?", "어디에 가는 중인 것 같아?", "왜 여기에 앉아 있는 걸까?" 하면서 그림책 내용과 상관없이 장면에 대해 이런저런 질문을 던지고 대화를 나누는 것입니다.

또 다른 훌륭한 매개체가 아이의 경험입니다. 그중에서 가족과의 좋은 체험이 가장 적합합니다. 같은 경험과 공감대를 가질 수 있기에 정서적으로도 아이와 부모를 연결하는 고리가 됩니다.

아이들의 유치원이나 학교생활도 좋은 주제이겠지만, 엄마가 속속들이 알기는 어렵습니다. 아이가 "몰라"라고 해버리면 더는 연결할 수 있는 고리가 없습니다. 하지만 가족이 함께한 여행이나 체험은 다릅니다. 가족이 함께 체험했기 때문에 공통의 관심사가 되고, 기억하고 있는 현장도 비슷합니다. 그리고 대개는 함께 찍은 사진이 있지요.

사진을 보며 아이와 도란도란 이야기하면서 아이의 기억이나 느낌을 자극하는 의문사를 활용해주는 깃만으로도 언어 촉진이 됩니다. "우리 어디 갔었지?", "언제 도착했지?", "우리 여기에 왜 갔지?"와 같이 사진 한 장을 놓고 나눌 수 있는 대화는 무궁무진합니다.

아이와의 소중한 경험을 담은 사진이나 그림으로 아이의 언어를 더욱 촉진할 수 있습니다. 같은 경험을 가지고 이야기를 나누는 것이기 때문에 부모가 모델링할 수도 있고, 아이가 기억하지 못한다면 자연스럽게 대화로 이끌 수도 있습니다. 모델링도 쉽고 자연스럽습니다.

"여기에서 우리 ○○이가 넘어졌지? 여기가 어디였더라?"

"우리 언제 여기 다시 가볼까?"

"그때 네가 주스 맛있다고 그랬는데 왜 그랬지?"

구체적인 여행의 기억은 의문사에 대한 대답을 넘어 서로의 마음까지도 행복하고 즐겁게 한다는 것을 잊지 마세요.

그림이나 책을 아이가 설명해보도록 유도하세요

36~48개월 아이들은 이야기가 많이 길어지고 설명이 장황해지기는 하지만, 사건의 전후 관계나 스토리를 이해할 수 있습니다. 장면을 배치하거나 아는 이야기의 순서를 기억해서 말하기도 합니다. 인과관계가 아주 명확하지는 않지만 줄거리를 정리하는 능력이 생겨서 대략적인 내용이나 핵심적인 내용을 기억해서 말할 수 있습니다.

스토리의 전개가 완벽하지는 않아서 조금 엉성하거나 어색하기도 합니다.

언어 발달을 위한 책은 아이가 내용을 잘 알고 있든 내용을 대략적으로 외우고 있든 상관이 없습니다. 아이가 한글을 잘 몰라도 됩니다. 아이에게 책의 한 장면 한 장면을 넘기며 내용을 이해하게 하는 것이 중요합니다. 첫 장을 보면서 '이러이러한' 내용이라고 말하게 하고 두 번째 장으로 넘겨 '이러이러한' 내용이라는 것을 설명하게 하면 됩니다. 책의 내용과 완전히 같지 않아도 크게 상관이 없고 아이 나름의 내용을 덧붙여도 괜찮습니다. 그냥 책의 장면들을 말해주고 내용에 대해 설명하기만 하면 충분합니다.

책의 장면들을 작게 만든 그림이나 사진이 있으면 더욱 재미있게 활용할 수 있습니다. 대표적인 그림 4장 정도를 인쇄하거나 종이로 만들어서 그것을 책상 위나 바닥에 놓고 순서대로 놓게 합니다. 책 자체보다는 늘어놓은 그림 4장을 놓고 설명하게 하는 방법입니다. 이렇게 하면 아이가 나름대로 순서도 정하고 그림을 보고 스토리를 만들어내 이야기하도록 유도할 수 있습니다.

아직은 어린 나이이기 때문에 너무 많은 그림은 아이를 더욱 혼란스럽게 할 수 있는데, 아이가 충분히 잘 아는 내용이라면 4장 이상 더 많은 그림을 펼쳐놓을 수도 있습니다. 다만 그림을 인과관계에 맞게 연결하려면 선후 관계를 제대로 알고 스토리를 이해할 수 있어야 합니다.

동화 같은 스토리가 아니어도 괜찮습니다. 나비의 성장처럼 알부터 나비까지 성장하는 이야기나 식물의 일생처럼 씨앗부터 열매를 맺는 순간까지 자연의 변화도 스토리를 설명할 수 있는 좋은 수단이 됩니다. 아이가 자연과 관련 있는 책을 좋아한다면 자연 관찰 책을 펴놓고 아이에게 설명하게 하는 것도 좋습니다. 또는 자연의 변화 과정을 그림이나 사진으로 출력해서 아이에게 순서대로 놓게 하고 과정들을 말하게 해도 됩니다. 시간상 순서가 가장 잘 드러나는 것이 자연의 변화 과정이기 때문에 동화책이나 그림을 보고 설명하기 어려워하는 아이들도 대체로 쉽게 설명할 수 있습니다. '알'이나 '번데기' 같은 단어가 아니라 '이제 막 태어났어요', '나비가 되기 위해서 집을 만들어 숨었어요'와 같은 표현을 써도 충분합니다.

저는 언어 자극이나 언어 활동의 수단으로 무엇보다 책을 가장 좋아합니다. 신생아 시기부터 학령기까지 책은 가장 좋은 언어 활동 매개체입니다. 장면 연결이나 사건의 전후 관계 파악, 간단한 줄거리 정리 등을 통해 아이의 설명을 유도할 수 있다는 점을 잊지 마세요.

CHAPTER 06

48~60개월

계획을 세울 줄 아는 우리 아이,
혼자 많은 것을 할 수 있어요

우리 아이의 발달 특성

신체 평균대 걷기, 장애물 넘기도 할 수 있어요

이 시기의 아이들은 신체 기능이 발달하여 다양한 신체 놀이를 할 수 있다. 이에 따라 행동과 활동에 대한 욕구도 크게 늘어난다. 한 발로 껑충 뛰거나 머리 위로 공 던지기, 공 잡기도 할 수 있다. 뒤로 걷기가 가능하고, 전력 질주를 할 수 있으며, 한 발씩 교대로 계단을 내려가거나 난간을 잡지 않고 계단을 오르내릴 수도 있다. 서툰 솜씨지만 줄넘기도 할 수 있다. 신체 기능이나 활동에서 크게 어려움이 없어지는 시기다.

그어져 있는 선에 맞추어서 가위질을 할 수 있고, 십자가나 네모 모양을 선으로 그릴 수 있다. 두세 군데로 구분되어 있는 사람의 모양을 그릴 수 있다. 혼자 옷을 입을 수 있으며 양치질과 세수를 할 수

있다. 혼자 할 수 있는 활동들이 점점 늘어난다.

인지 기억력이 발달하고 사고의 폭이 넓어져요

사건과 관련하여 인과관계를 생각할 수 있으며, 원인과 결과를 설명할 수 있다. 하루 동안의 일을 시간의 흐름에 따라 배열할 수 있다. 여러 가지 상황을 이해할 수 있으며, 활동을 이해하고 적극적으로 참여할 수 있다.

아이들은 다양한 역할 놀이에서 많은 커뮤니케이션 상황을 창조적으로 만들어낸다. 세 가지 이상의 인형에 역할을 부여하고 역할에 맞는 다양한 놀이를 시도할 수 있다. 역할 놀이를 할 때 더 어린 나이 때는 슈퍼에서 물건을 담고 계산하는 일상적인 상황이 전부였다면, 이 시기의 아이들은 찾는 물건이 슈퍼에 없다거나 주인이 거스름돈이 없다고 말하는 등 물건 사기와 관련해서 더욱 다양한 상황을 만들어낼 수 있다. 좀더 복잡하고 재미있는 이야기를 만들어내고 등장인물도 많아진다. 인형이나 몇 가지 장난감만 있어도 아이들끼리 또는 혼자서 역할을 부여해가며 재미있게 이야기를 하면서 놀 수 있다.

계획을 세워서 활동에 참여할 수 있다. 서로 '이렇게 저렇게 하자'고 언어로 규칙을 정하고 제안을 하기도 하며, 즉석에서 게임을 하기도 한다. 사회성과 인지가 밀접하게 연관을 주고받는 시기이기도 하다.

글씨를 읽는 아이들도 있다. 아직은 자연스러운 읽기 규칙을 깨닫기 전이라 글씨가 쓰인 대로 어색하게 읽거나 띄어 읽기가 안 되는 경우가 대부분이다. 숫자 세기도 할 수 있지만 아직은 개념적으로 수를 받아들이기는 어렵다.

언어 **거의 완벽한 긴 문장으로 말할 수 있어요**

행동의 순서를 이해하고 지시에 따를 수 있으며 기억 및 순서화와 관련된 활동을 할 수 있다. 예를 들어 "빨간 종이는 접시에, 파란 종이는 냄비에 두세요"라고 했을 때 종이를 접시와 냄비에 두는 것은 물론 빨간 종이와 파란 종이를 구분해서 두는 일까지 수행할 수 있다. 다양한 물건의 기능을 이해하여 거의 모든 물건의 쓰임새를 알고 있다. 전화를 받아 묻는 말에 대답하는 데 막힘이 없으며 접속문(~하고) 등을 이해한다. 이야기의 줄거리를 이해할 수 있고 2~3일 전의 경험이나 사건을 이야기로 서술할 수 있다.

'먹이다', '잡히다'와 같은 사동사나 피동사에 대한 이해가 시작되며 상황에 대한 가정('○○이가 강아지라면', '오늘 아침에 늦게 일어났다면')을 할 수 있다. 단어를 설명할 수 있고, 설명하는 단어가 무엇인지 맞힐 수 있다. 대화할 때 어느 정도 주제를 유지할 수 있다.

사용하는 문장의 길이가 길어지고, 문법적으로도 거의 완벽한 문장을 사용할 수 있다. 다른 사람들과의 대화가 자연스럽고 자유스러워진다. 낯선 사람이 들어도 발음이 명확하다. 만약 발음 때문에 다른 사람과의 의사소통에 무리가 따르거나 다른 사람들이 못 알아들어서 아이가 속상해한다면, 한 번쯤은 발음에 대한 평가를 위해서 언어치료사를 찾아가는 것이 좋다.

정서 감정이 다양해지고 도전하고 싶어 해요

정서는 자기중심적 경향에서 사회적 경향으로 발전하며 옳고 그른 것을 구분할 수 있다. 독립심이 강해지는 한편, 다른 아이와 협력하여 놀 수 있다. 상상 놀이 친구가 많아져서 현실에 없는 친구와도 상상하며 어울려 놀 수 있다. 자신의 기분, 감정, 느낌 등을 말로 표현할 수 있는데 이전보다 감정의 크기나 내용이 훨씬 다양해진다. 때로는 공격적인 언어를 사용하거나 과격한 정서를 표현하기도 한다.

하고 싶은 일에 대한 도전 욕구도 다양해져서 다소 힘들거나 불가능해 보이는 일에도 적극적으로 참여한다. '무엇을 해야 하지?' 하고 스스로 생각하고 계획도 할 수 있다.

집에서 신발 정리나 책 정리 같은 집안일과 관련된 역할을 부여받으면 수행할 수 있다. 아이에게 적당한 집안일을 선택하게 해 시키는 것도 좋은 방법이다.

"엄마는 네 편이야"

"엄마, 수정이가 안 놀아줘. 다른 친구하고만 놀아. 나 수정이 너무 좋아하는데."

"엄마, 유치원에서 민수가 나 때렸어. 민수가 먼저 때렸는데 선생님이 나만 혼냈어."

이 시기에 유치원이나 어린이집에서 놀아온 아이들이 많이 하는 말들이다. 놀이터에서 놀던 아이가 울면서 달려와 엄마에게 친구들이 놀아주지 않는다고 하소연하면 '가서 친구들을 혼내줘야 하나, 아니면 아이를 잘 타일러야 하나' 순간적으로 고민도 생긴다. 엄마 입장에서는 이게 무슨 일인가 싶어서 속상하기도 하고, 혹시 친구들이 우리 아이를 괴롭히는 건지 걱정도 된다. 아이가 말이 늦거나 행동이 느린 경우라면 따돌림이라도 당하는 건 아닌지 마음이 불편해진다.

이 시기 아이들은 서로 함께 놀기도 하고 다양한 역할 놀이나 행동들을 한다. 그러다 보니 친구 관계에서 충돌이나 갈등도 그만큼 자주 발생한다. 아이가 집에 돌아와 친구들 사이에서 있었던 일을 이야기하면서 속상해하거나 억울해하면 우선 이야기를 잘 들어주는 것이 좋다. 아무리 아이가 제대로 기억해내지 못한다고 해도 아이가 입을 열었다면 일단 이야기를 들어주어야 한다.

다만 아이의 말을 곧이곧대로 믿지는 말아야 한다. 이 시기의 아이들은 자기중심성이 강해서 있었던 사건이나 일을 객관적으로 정리해내는 능력이 부족하다. 아이 이야기만 들으면 자신이 제일 억울하고 제일 분한 상황이다. 하지만 실제로 다른 아이들이나 선생님 얘기를 들어보면 그렇지 않은 경우가 많다.

아이는 자기 말을 엄마 아빠가 관심을 가지고 열심히 들어주는 것만으로도 위안을 받을 수 있다. 그러므로 아이의 이야기를 들으면서 충분히 공감해주고 아이의 입장에서 고개를 끄덕여주어야 한다. 그런 공감을 받아본 아이들은 '엄마는 내 이야기를 정말 잘 들어주는구나'라고 생각하게 되고, 그러면 다음에도 자기 이야기를 또 털어놓을 수 있다.

자기 이야기를 하긴 하는데, 자세히는 이야기하지 못하는 아이들도 있다. "다음에 말할게", "잘 기억이 안 나", "아니야"라고 하면서 자기 이야기를 잘 전달하지 못하기도 한다. 그럴 때는 굳이 꼬치꼬치 캐물을 필요가 없다. 아이가 그렇다고 한다면, 말하고 싶지 않은 감정이나 잘 기억하지 않는 것조차도 충분히 존중해주어야 한다.

자기 일을 미주알고주알 털어놓든 '아이들이 괴롭혔다'라는 사실만을 말하고 정확한 스토리를 기억해내지 못하든 간에, 아이가 자신의 경험을 이야기했다면 "말해줘서 고마워"라고 엄마의 마음을 전달하는 것이 좋다. 그래야만 자신의 감정이 좀더 이해받았다고 느낄 수 있고, 자신이 이런 일을 털어놓았다는 것에 대한 아이의 부담도 줄어든다. 이후 비슷한 일이 생기거나 어렵고 곤란한 일이 생겼을 때 솔직하게 털어놓을 수 있는 용기도 얻게 된다. '무슨 일이 있으면 엄마한테 말해야지' 하는 정서적인 안정감도 얻을 수 있다.

모든 말이 끝난 다음에는 아이를 꼭 안아주며 "엄마는 네 편이야"라는 말로 위로해주고 격려해주어야 한다. 힘들거나 어려운 일이 있을 때 엄마의 존재, 아빠의 존재는 아이들에게 큰 위로가 된다. 무슨 일이 생겼을 때 의지할 수 있는 사람, 이야기를 털어놓았을 때 들어주는 사람이 있다는 사실은 아이들의 성장에 큰 도움이 된다.

아이의 성장에서 자존감은 매우 중요한 역할을 한다. 자존감은 자기 자신이 존재 가치가 있는 사람이라고 느끼는 것이다. 자신이 존재하는 의미가 있다고 생각하는 것이며, 실패하더라도 좌절하지 않고 무엇이든지 해낼 수 있다고 믿는 것이다.

아이 나름의 힘들고 어려운 상황을 겪을 때 부모가 격려하고 지지해주는 것은 아이의 자존감에 큰 도움이 된다. 아무리 작은 일이어도 힘들고 지쳤을 때 부모의 "나는 네 편"이라는 말 한마디는 아이에게 큰 힘이 된다. 정서적인 지지를 받고 자란 아이들은 어려움이 닥쳐도 자신을 믿어주는 사람을 생각하며 힘을 낼 수 있고 자신을 다독거릴 수 있다.

이런 상황에서 하지 말아야 할 것 중 하나가 "너는 별것도 아닌 걸 가지고 그러니", "네가 잘못한 게 있는 거 아니야?"와 같은 말이다. 또는 하나하나 따지고 들면서 다른 이유를 발견하려 하거나 아이의 잘못을 찾아내려고 하는 것도 좋지 않다. 어떤 이유에서든 아이는 정서적으로 상처를 받고 힘들었는데, 엄마한테 또 한 번 상처를 받게 된다.

이런 아이들은 집 밖에서 힘든 일을 겪었거나 다른 친구들로부터 상처받은 이야기를 엄마에게 털어놓고 싶어 하지 않는다. 사람이라면 누구나 관계 속에서 상처를 입는 경험을 하게 되는데, 이것을 누구에게도 이야기하지 못한다면 안에서 곪을 수밖에 없다. 건강하게 표현하고 이야기할 수 있어야 아이들에게 마음의 상처가 생기지 않는다.

힘들고 어려운 상황에서 "엄마는 항상 네 편이야"와 같은 말을 들을 때 아이들은 위로를 받는다. 그리고 자신의 잘못이 아니라고 안심하게 된다. 언제 무슨 일이 있더라도 엄마 아빠로부터 위로를 받을 수 있다는 생각은 무엇에도 비길 수 없는 든든한 울타리가 된다. 어떤 상황에서도 부모는 무조건적인 지지자가 되어주어야 한다. 아이가 외부에서 상처를 받거나 힘든 일이 있어도 부모를 보는 순간, 부모에게 이야기를 하는 순간, 지지받고 위로받을 수 있다면 세상을 다시 힘차게 살아갈 힘을 얻을 것이다.

아이를 지지하는 엄마의 말

1. 아이가 하는 말을 열심히 들어주고 공감해주세요.

"똑바로 말해봐." "빨리 말해봐."

⬇

"그랬구나." "속상했겠다." "힘들었겠네."

2. 힘들거나 속상한 일을 털어놓았을 때는 "말해줘서 고맙다"고 이야기해주세요.

3. 아이의 감정을 별것 아닌 것으로 과소평가하거나 아이의 상황을 따지지 마세요.

"별거 아니야." "네가 잘못한 거 아니야?" "넌 도대체 왜 그러니?"

⬇

"엄마는 항상 네 편이야." "네 맘 충분히 이해해."

일의 순서를 알게 하고 싶을 때

"다음에는 뭐 할까?"

언어치료실에서 언어가 느린 아이들을 위한 일반화 과정에서 스크립트를 활용해 일상생활 연습을 하는 경우가 있다. 직접 슈퍼에 가서 물건을 사는 활동을 하기 위해 아이들과 미리 치료실 내에서 마트 세팅도 해보고 물건을 직접 사고파는 활동도 해보는 것이다. 사야 할 물건을 종이에 쓰고 카트나 바구니에 넣는 것부터 마지막 계산하는 것까지 연습을 하고 나면, 모든 준비가 끝난다.

이를 완전히 익힐 수 있도록 하기 위해서 아이들이 꾸준히 연습해 볼 수 있도록 하는데 '이거 다음은 이거, 이거 다음은 이거'와 같은 형태로 준비한다.

"이거 다음에는 뭐 할까?"

"계산대로 가요."

"이거 다음에는 뭐 할까?"

"돈을 내요."

이처럼 말로 대답하게 한 후 실제 활동으로도 이어지게 연습하는 것이다.

이렇게 준비하고 현장으로 나가면 아이들의 참여도나 안정도가 좋아진다. 아이들이 일의 순서를 생각하고 활동에 참여하면 예측성이 높아지기 때문이다.

이 시기 아이들은 지금 눈앞에 펼쳐져 있지는 않더라도 다음 상황을 예측할 수 있는 기능이 성장하게 된다. 이를 '예측 뇌'라고도 하는데, 아이에게 그다음 상황을 예측하게 하면서 전체적인 순서나 그림을 그려보게 할 수 있다. 이 시기에는 다음에 할 일을 생각해보고 상상해보게 함으로써 아이의 발달을 촉진할 수 있다. 더 나아가 "내가무엇을 해야 하지?"를 스스로 생각하고 계획하는 힘도 키울 수 있다.

"다음에는 뭐 할까?"라는 엄마의 말은 새로 도전해보는 상황에서 예측하지 못한 일이 일어났을 때 아이의 자신감을 키워주고, 아이가꼭 해야 할 일에 대한 경각심을 일깨워준다. 또한 불필요한 잔소리나 충돌을 피할 수 있도록 도와준다.

언어 발달이 늦지 않더라도 익숙하지 않은 상황이 닥치면 겁을내거나 두려워하는 아이들이 있다. 그래서 낯선 상황이나 환경을좋아하지 않는다. 이런 아이들은 엄마나 선생님 앞에서는 괜찮은데 낯선 환경에 가서는 활동이 움츠러들거나 제대로 하지 못하는 경우가 종종 있다. 이렇게 소극적인 아이들에게 소통을 유도할 때는 "다음에는 뭐 할까?"라는 엄마의 말이 효과적이다. 이 말을 통해 아이의 두려움을 줄일 수 있다. 언어 발달이 늦은 아이를 일반화하는 과정에서도 "다음에는 뭐 할까?"와 같은 말을 통해 아이가 상황을 잘 이해하도록 돕고 새로운 환경에 대한 부담과 두려움을 줄여줄 수 있다. 이 과정에 대한 설명은 눈에 그릴 수 있을 정도로 구체적인 것이 좋다.

또한 "다음에는 뭐 할까?"라는 질문은 아이 자신의 계획성에도 도움이 된다. 아이가 어린이집에서 돌아왔다. 현관 문을 열기 전에 아이와 이야기를 해본다.

"이제 집으로 들어갈 거야, 다음에는 뭘 할까?"

아이와 함께 이야기하면서 해야 하는 활동들을 정리해볼 수 있다. 먼저 손을 씻는다거나 입고 있는 점퍼를 벗는다거나 하는 것이 그것이다. 이처럼 상황을 예측할 수 있게 해주면 문을 열고 들어왔을 때 벌어지는 쓸데없는 실랑이를 줄일 수 있다. 현관 문을 열고 나면 '신발을 벗고 손을 씻는다'라고 다음 과정을 예측한 아이는 손을 씻는 문제로 엄마와 다툴 필요가 없다.

이는 "아침에 일어나면 무엇을 해야 하지?", "저녁에 밥을 다 먹고 나면 무엇을 해야 하지?", "어린이집에 가면 무엇부터 해야 하지?"와 같은 일상적인 활동과도 연계할 수 있다. 이런 질문을 통해 아이들이 다음 상황을 예측하고 스스로 대답할 수 있도록 유도해야 한다.

"아침에 일어나면 세수해야 해요."

"저녁밥을 다 먹고 나면 양치질을 해요."

"어린이집에 도착하면 신발장에 신발을 정리해요."

이렇게 대답한 아이는 사전에 예측한 대로 활동을 수행하게 되며 다른 행동을 할 확률은 거의 없다.

만약 하나가 아니라 연속된 활동을 해야 한다면, 그 순서를 계속 상기시켜주면 된다. 앞서 잠시 언급한 어린이집 도착 상황을 예로 들어보자.

"어린이집에 도착하면 무엇부터 해야 할까?"

"신발을 정리해서 신발장에 넣어요."

"다음에는 뭘 할까?"

"교실로 들어가요."

"그다음에는 뭘 할까?"

"가방을 사물함에 걸어요."

이런 방법으로 아이가 어린이집에 들어간 이후의 과정을 연계해서 설명해주면 아이는 그것을 기억했다가 수행하게 된다. 물론 아이의 언어 수행 능력에 맞춰야 하며, 아이가 기억하지 못할 정도로 너무 길게 말하는 것은 피해야 한다.

여기에서 또 하나 중요한 것은 아이들은 완벽하게 기억하지 못하기 때문에 일을 수행하기 바로 직전에 이 과정을 다시 한번 상기시켜주어야 한다는 것이다. 아침에 일어나자마자, 저녁에 밥을 먹자마자, 어린이집에 들어가기 바로 직전에 말이다. 그렇게 여러 번 반복하고 나면 아이 스스로 그 활동들을 자연스럽게 하게 된다.

부모의 지시에 따라 움직이거나 부모의 제지나 간섭으로 활동을 멈추는 것이 아니라 자신을 계획하는 것까지 이끌 수 있다는 점에서 "다음에는 뭐 할까?"라는 엄마의 말은 매우 중요하다. 이 시기 아이들은 일의 순서나 과정을 떠올릴 수 있을 정도로 그리고 이후의 일을 연결할 수 있고 계획할 수 있을 정도로 기억력도 인지 수준도 이미 성장했다는 점을 잊지 말자.

스스로 계획하는 아이로 만드는 엄마의 말

1. 아이 스스로 다음을 생각하고 계획할 기회를 주어야 합니다.

   "아침에 일어나서 무엇부터 해야 할까?"

2. 다음 상황을 예측할 수 있도록 순서를 정해보게 합니다.

   "이거 다음에는 무엇을 해야 하지?"

3. 때로는 바로 직전에 상기시키거나 반복해줍니다.

   "우리 연습했던 것 다시 생각해보자. 처음에는 무엇을 하기로 했지? 그리고 그다음에는?"

"엄마는 기뻐, 네 기분은 어때?"

딸이 어렸을 때 나의 표정을 보고 그날그날의 기분을 이해해서 이야기하곤 했다. 회사에서 피곤한 일이 있어서 표정이 무거우면 "엄마, 오늘 기분 나빠?", 딸을 보고 웃는 얼굴로 두 팔을 벌리면 "엄마, 기분 좋아?"라고 물었다. 때로 언성을 높이면 "화내지 마"라고 말하기도 했다. 아이는 내 표정과 목소리만으로도 내 감정을 추측했고, 내 감정에 따라 자신의 말투도 바꾸곤 했다.

때로는 이렇게 말했다. "엄마, 나 오늘 기분 너무 좋아.", "엄마, 어젯밤에는 기분이 별로 안 좋았어." 그러면서 해맑게 웃거나 인상을 쓰기도 하고 입술을 내밀고 뾰로통한 표정을 짓기도 했다. 아이는 이미 표정으로 많은 이야기를 했고 그것만으로도 너무나 신기하고 놀랍다고 느꼈다.

그러나 모든 것을 표정만으로 파악하기는 어렵다. 어린이날을 며칠 앞둔 어느 날, 아이들 선물을 사주려고 대형마트에 갔다. 너무 크거나 비싸지 않은 것으로 원하는 것을 사기로 하고 하나씩 고르기로 했다. 각자 원하는 것을 골라서 계산대 앞에 섰는데 딸아이의 표정을 보니 어딘가 찜찜해하는 기색이었다. "기분이 별로네? 기분 안 좋아?" 하고 물었는데 아이는 얼른 대답하지 못했다.

"기분 안 좋은 게 아니고."

"음…. 그러면 화가 나?"

"아니 화가 나는 건 아니고…."

"그러면 속상해?"

"아, 그것도 아니고."

자신의 감정이 무엇인지 말로 표현하기 어려워하는 눈치였다. 아이의 표정이 여전히 흔쾌하지 않았는데, 가만히 보니 오빠가 든 것과 자기가 든 것을 눈으로 비교하더니 울상이 되는 게 눈에 띄었다.

"혹시 이거 고른 게 후회돼? 딴 거 고르고 싶어?"

"응. 딴 거 골라도 돼?"

그제야 자신의 감정이 무엇인지도 알게 됐고, 엄마한테 자신의 감정을 이해받았다고 생각했는지 아이는 웃으며 물었다. 나는 고개를 끄덕였다. 밝은 표정으로 아빠와 손을 잡고 장난감 코너로 다시 가는 아이를 보면서 그제야 안심이 됐다.

아이들만큼 표정으로 자신의 감정을 잘 드러내는 경우는 없는 듯하다. 하지만 구체적으로 자신의 감정을 단어로 이름을 붙이는 데에는 아직 서툴다. 어린아이들은 대체로 '기분 좋다, 기분 나쁘다' 정도로만 말한다. 아이들에게 감정 어휘를 표현하는 것이 쉽지 않기도 하고 자신의 감정이 무엇인지 정확히 알지 못해서이기도 하다.

따라서 이런 감정 어휘들에 어릴 적부터 충분히 노출될 필요가 있다. 아이들이 언어를 배우는 방법은 결국 얼마나 많이 보고 느끼고 경험했느냐 하는 문제이기도 하다.

기본적인 감정조차 말로 표현하기 어려워하는 아이라면 처음에는 감정 어휘를 사용하는 경우를 단순화하는 것이 좋다. 웃는 얼굴, 우는 얼굴, 찡그린 얼굴 등 몇 가지 표정을 정하고 그 표정을 함께 지어 보거나 부모가 모델링을 하는 것이다. 웃는 얼굴을 하면서 "기뻐", 우는 얼굴을 하면서 "슬퍼"와 같이 말하면 된다.

그 후에는 책이나 일상 어휘로 확장해본다. 이야기를 들려주면서 그림의 표정을 보고 아이에게 "할머니가 웃네", "친구가 우네"에서 시작해 "지금 기분이 어떨 것 같아?", "그림을 보니까 지금 표정이 어떤 것 같아?" 하고 이야기를 나누어본다.

또 일상생활에서도 상황에 맞추어 아이들과 감정을 나누어본다. "우리 ○○이가 아프니까 엄마가 슬퍼", "네가 좋아하는 모습을 보니까 엄마도 너무 기뻐"라고 말이다. 아이들은 감정을 표현하는 어휘들도 엄마의 표정, 아빠의 말을 통해 배워나간다.

이렇게 감정에 대한 다양한 어휘를 알게 된 이후라고 하더라도 자신의 감정이 무엇인지 파악하기 어려워할 수 있다. 이럴 때는 엄마가 자신의 감정을 먼저 들려주고 이야기해주는 것이 좋다. 아이에게 감정을 숨길 필요가 전혀 없다. "엄마는 지금 기뻐"라고 하면서 아이의 감정도 물어본다. "너는 어떠니?" 그러면 아이가 엄마와 똑같이 이야기하기도 하고 다르게 말하기도 할 것이다. 엄마 자신의 감정 표현이 자연스러워야 아이들도 감정을 표현하는 것을 어려워하지 않게 된다.

아이의 감정이 격해져 있거나 화가 나 있거나 울고 있을 때 "울지 마", "왜 울어?"와 같이 감정을 억제시키는 부모들이 있다. 아이의 울음이 길어지면 달래고 달래다가 엄마가 화가 나 "울지 마!"라고 소리를 지르게 되기도 한다. 하지만 이렇게 말하면 엄마가 무서워서 감정을 억지로 참게 되거나, 엄마의 화가 무서워서 오히려 더 크게 울어버릴 수도 있다. 아이에게 감정을 참으라고 가르치는 것은 좋지 않다. 오히려 감정을 표현하는 방법, 즉 감정을 말하는 방법을 가르치는 것이 필요하다.

감정을 소통하는 엄마의 말

1. 엄마 아빠의 기분이나 감정도 솔직하게 표현해보세요.

 "엄마는 기분이 너무 좋아, 너는 어떠니?"

🙂 "네가 물건을 던져서 엄마는 속상해."

2. 부모의 감정을 이야기한 후 지금 아이의 감정이 어떤지 묻거나 부모의 감정이 어떤지, 그리고 그 이유를 함께 표현하는 것도 좋은 방법입니다.

3. 울거나 화내는 아이의 감정을 과소평가하거나 억제시키지 마세요. 아이가 자신의 감정을 말로 표현할 수 있도록 감정 단어로 알려주세요.

🙂 "왜 울어?" "뭘 잘했다고 울어?" "울면 혼난다." "시끄러워, 그만 울어."

⬇

🙂 "지금 속상해?" "화가 많이 났어?"

아이의 독립심을 키워주고 싶을 때

"한번 혼자 해볼까?"

이 시기의 아이들은 자기 생각도 뚜렷해지고 자기 나름의 방식으로 사물이나 상황을 파악하는 능력도 생긴다. 부모 눈에는 아직 너무 어리고 귀여운 꼬마 같지만, 아이 스스로 해야 할 일도 늘었고 옆에서 지지하고 격려하면 그 일을 충분히 해낼 수 있을 만큼 성장했다. 특히 이 시기쯤 되면 취학 준비를 해야 하기 때문에 작은 것부터 아이가 혼자 할 수 있도록 경험을 쌓게 하는 것이 매우 중요하다. 이 시기를 그냥 넘기고 입학 시점에 임박해서 혼자 하기를 준비하려고 하면 마음이 급해서 제대로 되지 않는다.

언어치료실에 오는 5세 이상 아이들에게는, 신체 기능이 크게 떨어지지 않을 경우 장난감 정리하는 일을 스스로 하게 한다. "자, 이제 장난감 정리해볼까?"라고 말하면서 내가 먼저 정리하는 모습을 보이거나 '모두 제자리'라는 노래를 부르기도 한다. 때로는 간단한 분류하기 게임이나 활동을 하면서 정리하기를 유도하는데, 대부분 아이는 수용적으로 잘 따른다. 아이들은 정리가 끝나면 선생님과의 수업이 끝난다는 것을 인지하기도 하고, '정리를 다 해야 방을 나갈 수 있다'라는 생각도 하게 되어서 굉장히 잘 협조한다.

그리고 그다음 혼자 하도록 유도하는 것이 겉옷 입기와 신발 신기다. 여름을 제외하면 대부분 아이가 겉옷을 입고 오는데 그것을 혼자 입도록 유도한다.

"우리 ○○이, 혼자 한번 해볼까?"

처음에는 팔 한쪽을 끼워주거나 옷 위아래를 잡아줘야 하는 경우도 있지만 대부분 아이는 곧 익숙하게 겉옷을 입는다. 신발 신기도 마찬가지다. 여름에 슬리퍼나 샌들을 신고 왔을 때는 발만 쏙 집어넣으면 되니 괜찮지만 운동화나 장화, 부츠 등을 신게 될 때는 충분히 기다려주면서 손을 신발 뒤로 넣어 잡아당기는 것을 지켜보거나 조금 도와주면 충분히 혼자 해낸다. 이런 일상적인 것들을 혼자 해냈을 때 뿌듯해하는 아이들의 표정은 정말 대단한 일을 해낸 듯이 보인다. 아이들이 잘 해냈을 때 엄지손가락을 치켜올리며 "정말 잘했다", "오늘 정말 최고"라고 격려해주면 더 좋아한다.

이런 아이의 모습을 본 엄마들의 반응이 때로는 더 놀랍다. 집에서는 '하나도 안 하려고 한다'부터 '아예 시켜볼 생각조차 하지 않았다'까지 반응이 굉장히 다양하다. 하지만 기다림과 약간의 도움만으로 아이들이 해내는 것을 보면서 다들 좋아하고 칭찬한다. 엄마들의 마음은 모두 똑같은 것 같다.

아이들에게 내가 한 것이라고는 "혼자 한번 해볼까?" 하고 기회를 준 것이 전부다. 처음 해보는 것이라서 아이에게는 낯설고 힘들 수 있기 때문에 처음에는 원하는 정도의 일정한 도움을 주는 것으로 충분하다. 아이가 원하지 않으면 도움을 주지 않는 것이 맞다. 아이에게 기회를 주고 한번 해보라고 하는 것과 기회조차 주지 않고 엄마가 다 해주는 것은 천지 차이다.

다만 아이가 처음부터 모든 것을 척척 해낼 수 있으리라는 기대는 버려야 한다. 처음에는 아주 작은 것부터 혼자 해내는 경험을 하게 하는 것이 좋다. 이 시기의 아이들은 간단한 집안일에 협조할 수 있으므로, 집에서 아이에게 신발 정리나 화분에 물 주기와 같은 간단한 일을 시켜도 좋다. 이런 일을 혼자 할 수 있도록 도움을 주고 옆에서 지켜봐 주면 된다. 아이들이 이런 일을 잘 해냈을 때는 "우와, 오늘 ○○이가 신발 정리를 해서 현관이 깨끗해졌네", "○○이가 물을 줘서 꽃들이 웃는 것 같아" 하고 꼭 칭찬하고 격려해주어야 한다.

그렇게 칭찬을 받은 아이들은 이제 자발적으로 하겠다고 나선다. 집에 오자마자 "오늘은 내가 들어올 때 신발 다 정리했어요", "엄마 오늘 화분에 물 주는 날이죠?" 하면서 아이들이 자기 일을 먼저 챙기거나 즐겁게 활동에 참여한다. 스스로 자기 일을 챙기고 자기가 할 일을 하면서 성공해본 아이들은 이후에도 혼자 할 수 있는 일의 반경을 자발적으로 넓혀간다.

아이에게 "혼자 한번 해볼까?"를 시도할 때는 시간과 마음의 여유를 충분히 가져야 한다. 나 역시 치료실에 온 아이들에게는 혼자 할 기회를 주려고 노력하지만, 출근 시간에 쫓기는 워킹맘 입장에서는 혼자 할 기회를 제대로 주지 못하고 아침마다 "빨리빨리"를 연발하며 아이들을 챙겨 나오곤 했다. 대부분 엄마가 출근 시간이나 아이들 등교 시간이 급해서 아침에는 혼자 할 기회를 제대로 주기 어려웠을 것이다.

그런데 상대적으로 여유가 있거나 시간이 급하지 않은 날에는 아이들이 혼자 할 수 있게 해봤는데, 아이들은 그동안 엄마가 해주었던 기억 때문인지 혼자 하는 것을 좋아하지 않았다. 오히려 엄마가 해달라며 떼를 쓰거나 '오늘은 왜 이러지?' 하는 표정으로 나를 바라보기도 했다. 하지만 이 상황에서도 칭찬과 격려는 먹혔다. 아이들이 스스로 하려는 기색을 조금이라도 보여주면 "잘한다", "훌륭하다"와 같은 말을 했는데 그 몇 마디만으로도 아이들은 좀더 적극적으로 혼자 해보려고 노력하는 모습을 보여주었다.

아이들일수록 "혼자 한번 해볼까?"와 관련된 상황에서 일관성이 매우 중요하다. 어떨 때는 엄마가 다 해주고 어떨 때는 혼자 하라고 하면, 아이들은 자기 좋은 쪽으로 생각하기 마련이다. 그래서 시간의 여유가 있더라도 엄마에게 다 해달라고 요구하곤 한다.

아이가 처음 두발자전거를 탈 때를 생각해보자. 처음 아이에게 두

발자전거를 타게 할 때는 엄마나 아빠가 뒤에서 잡고 아이에게 발로 페달을 구르게 한다. 아이는 "아빠, 절대 놓으면 안 돼", "놓지 마, 알았지?" 하며 몇 번이고 뒤를 확인한다. 아이가 어느 정도 탄다는 느낌이 올 때 부모들은 슬그머니 손을 놓는다. 그러면 아이는 여전히 뒤에서 잡고 있는 줄 알고 넘어지지 않고 혼자서 자전거를 탄다.

스스로 혼자서 해내는 것은 습관이 되어야 한다. 아이가 할 수 있을 법한 것부터 또는 혼자서 도전하고 싶어 하는 것부터 기회를 주고 스스로 해보게 하면 아이가 성장하는 데 힘을 보탤 수 있다. 아예 처음부터 아이 스스로 혼자 할 기회를 주지 않았거나, 사랑이라는 이름으로 빼앗고 있는 건 아닌지 되돌아볼 일이다.

독립심 있는 아이로 키우는 엄마의 말

1. 시간을 충분히 주고, 아이가 혼자서 할 기회를 주세요.

"빨리빨리 해!" "서둘러." "혼자선 못 하지?" "해줄까?"
↓
"혼자 해볼래?" "한번 해볼까?"

2. 혼자 할 수 있는 것부터, 도전하고 싶어 하는 것부터 하게 해주세요. 혼자 할 것을 부모가 미리 정해놓지 말고 아이가 해보고 싶어 하는 것이 무엇인지, 무엇부터 혼자 도전하고 싶은지 물어보세요.

"무엇부터 한번 해볼까?"

장재진 언어치료사가 전하는 언어 발달 tip

수수께끼로 아이의 어휘력을 키워주세요

이 시기 아이들은 다양한 언어를 알게 되고 긴 문장을 사용할 수 있으며, 사물의 기능이나 이름 등 다양한 언어적 학습을 할 수 있습니다. 언어 사용이 자유로워져서 언어유희나 수수께끼, 유머, 속담 등 다양한 형태로 확장됩니다.

아이는 수수께끼나 스무고개 등을 통해서 사물의 기능을 알 수 있습니다. 게임 형식으로 사물의 기능을 알려주는 것은 아이의 흥미를 떨어뜨리지 않고 언어적인 지식을 채워주는 지름길입니다. 수수께끼를 통해 단어를 설명하게 하면, 아이는 하나의 어휘를 설명하는 방법을 배우게 됩니다. 엄마가 낸 수수께끼의 답을 맞히지 못하거나 설명할 수 없다면, 아이가 그 단어를 정확하게 이해하지 못한 것입니다.

수수께끼는 처음 하는 아이들에겐 쉽지 않기 때문에 먼저 부모가 문제를 냅니다. 처음 하는 거리면 힌트가 있는 것이 좋습니다. 예를 들어 사물 그림 카드나 눈에 보이는 사물이 힌트가 됩니다. "여기 있는 그림 중에서…", "거실에 있는 물건 중에서…"와 같이 말하면 됩니다. 이어서 사물의 기능을 바탕으로 설명합니다. 예를 들면 이렇습니다.

"자, 거실에 있는 물건 중에서 찾아봐. 1부터 12까지 숫자가 있어. 동그랗게 생겼네. 우리에게 몇 시인지 시간도 알려준다. 뭐게?"

이처럼 힌트가 있는 수수께끼가 잘 진행되면 점차 힌트가 없는 수수께끼도 해볼 수 있습니다. 거실에 있거나 단어 카드에 있는 사물만이 아니라 무작위로 골라내면 됩니다.

엄마가 먼저 문제를 내는 이유는 아이에게 모델이 되어주기 위해서입니다. 문제를 낸다는 것이 어떤 것인지, 어떻게 문제를 내야 상대방이 잘 맞힐 수 있는지, 단어 설명은 언제 해야 하는지에 대한 모델링을 할 수 있습니다. 이렇게 하면 아이도 어떻게 하면 문제를 어렵게 낼 수 있고, 어떻게 하면 쉽게 낼 수 있는지를 알게 됩니다.

다음은 아이가 문제를 내는 단계입니다. 처음에는 힌트가 있는 것부터 시작합니다. 아이가 자신 있게 설명할 수 있을 만한 쉬운 단어로 준비합니다. 또는 엄마가 모델링을 많이 한 단어여도 좋습니다. 엄마가 어떻게 문제를 냈는지 떠올리며 단어들을 설명해내는 것으로 시작합니다. 아이가 설명할 때 엄마는 열심히 들어주고 궁금해하며 맞혀주어야 합니다. 아이들은 수수께끼를 내는 방법이 미숙하여 문제를 내는 카드로 시선이 가 있거나 그 카드를 아예 들고 문제를 내기도 합니다. 하지만 이런 것들은 지적하지 않는 것이 좋습니다. 우리의 목표는 수수께끼를 잘 내는 것이 아니라 단어 설명하기를 통해 어휘력을 키우는 것이기 때문입니다.

마지막으로는 엄마와 아이가 번갈아서 문제를 내고 맞힙니다. 엄마가 한 번 내고 아이가 한 번 내면서 서로 맞혀보는 것입니다. 이 정도 단계에 이르면 아이도 문제를 내는 데 익숙해져 엄마가 못 맞히게 하려고 어려운 설명을 하기도 합니다.

이 수수께끼 놀이는 학습을 하듯 하지 말고 틈새 시간을 활용하면 좋습니다. 즉, 책상 앞에서 하기보다 놀이처럼 하는 게 더 좋다는 의미입니다. 저는 아이들을 어린이집이나 유치원에 데려다줄 때 또는 버스 정류장에서나 밀리는 차 안에서 주로 했습니다. 아이들은 이것을 놀이로 생각하며 무척 재미있어했습니다. 아이들에게 스마트폰을 건네는 대신 수수께끼 놀이로 어휘력을 키워주면 어떨까요?

아이의 발음이 어떤지 꼭 체크하세요

이 시기의 아이들 중 발음에 문제가 있는 아이들이 생각보다 많습니다. 언어 발달에 아무런 문제가 없는데도 발음에 문제가 있는 아이부터 언어 발달이 늦으면서 발음에 문제가 있는 아이까지 다양합니다.

이 시기 아이의 발음이 부정확하게 들린다면 "잘 안 들린다, 무슨 말인지 모르겠다"라고 아이에게 피드백을 해주는 것이 좋습니다. 발음을 잘 알아듣고 다른 사람에게 통역하듯이 말을 전달해주는 사람이 있으면, 아이는 자신의 발음을 개선해야 할 필요를 느끼지 못합니다. 그렇게 발음하는 것이 하나도 불편하지 않기 때문입니다.

부모들은 아이가 어떻게 발음해도 다 알아듣습니다. 따라서 부모의 귀로 듣는 발음이 문제가 없다고 해도 친구들이나 다른 사람들과 소통하기가 어렵다면 한 번쯤은 발음 문제를 짚어봐야 합니다. 이 시기 아이들의 발음은 '낯선 사람이 들어도 다 알아들을 수 있을 정도'로 정확해지기 때문입니다

발음은 스스로 개선하고자 하는 노력과 반복적인 훈련 없이는 고쳐지기 어려운 부분 중 하나입니다. 잘못된 발음이 습관처럼 굳어졌다면, 그 발음을 고치는 방법을 배우고 스스로 정말 열심히 노력해야 합니다.

우선 발음 기관의 움직임이 부정확하거나 둔한 경우에는 입술이나 혀를 잘 움직이게 만들어야 합니다. 입이나 혀의 움직임이 잘 이루어지도록 훈련하는 것이 좋은데 입술이나 혀에 초코펜이나 요플레를 묻혀 지시에 따라 원하는 방향으로 움직이도록 합니다. 입술 다물기나 붙이기가 'ㅍ' 발음을 할 때 파열이 잘 안 되는 경우에는 비눗방울, 휴지, 초 등을 활용해 다양한 불기 작업을 하면 좋습니다. 입

을 동그란 모양으로 오므리거나 붙였다 떼는 등의 활동이 이루어질 수 있습니다.

노래 부르기나 읽기 작업을 통해서 발음 근육을 강화하는 방법도 좋습니다. 발음 연습을 위한 노래는 천천히 속도를 조절해서 불러야 합니다. 그리고 책 읽기도 마찬가지입니다. 아직은 읽기가 원활하지 않기 때문에 읽기에 집중하기보다 엄마가 읽는 것을 따라 읽는 형태가 되겠지만, 그렇더라도 또박또박 잘 읽어내야 합니다. 발음을 위한 읽기 연습이라면 책의 내용을 파악하는 데 관심을 분산시키지 말고 발음의 정확성에만 집중하도록 합니다.

CHAPTER 07

60개월 이상

학교를 준비하는 우리 아이,
배려와 협상을 배울 수 있어요

우리 아이의 발달 특성

신체 **어른의 도움 없이 다양한 운동 기술을 활용해 놀아요**

이 시기의 아이들은 이미 신체적으로 많이 자랐다. 운동 신경이 좋은 아이들은 자전거, 스케이트, 킥보드를 탈 수 있을 정도로 신체 기능이 발달한다. 한 발로 뛰기, 계단에서 뛰어내리기, 엎드려 미끄럼틀 타기 등 자신의 운동 기술을 다양하게 시험해볼 수 있다. 축구나 농구, 태권도 등 실제로 체육 활동에 참여하며 재미를 느끼는 아이들도 있다.

그림 그리기, 따라 색칠하기, 종이접기, 붙이기 등 미술 활동에 적극적으로 참여할 수 있다. 숟가락·젓가락질에 능숙해지며, 옷을 혼자 입고, 양치질도 혼자 할 수 있다. 혼자서 할 수 있는 활동들이 점점 다양해지고 복잡해진다. 조립하는 장난감을 활용하여 단순한 작품을 만들 수 있다. 다만 아직은 조작 활동이 완벽하지 않아서 어려운 부분은 부모가 도와주어야 할 수 있다.

인지 물건을 만들 때 계획할 수 있고 실험을 좋아해요

다양한 퍼즐 맞추기, 교구를 활용한 바느질 등을 할 수 있다. 주사위 게임 등 규칙 있는 게임을 집중해서 할 수 있으며, 이런 게임을 좋아한다. 요일을 이야기할 수 있으며 기본정보(생일·주소·전화번호)를 말할 수 있다. 만들기 전 무엇을 만들지 계획을 세우는 것을 좋아하고 점토, 폐품 등 여러 가지를 활용하여 입체 조형물을 만드는 것을 즐긴다. 숫자를 셀 수 있으며, 손가락으로 꼽거나 세어가며 간단한 덧셈도 할 수 있다. 모양이나 색깔 등을 대부분 알고 지시에 따라 여러 가지 활동을 복합적으로 수행할 수 있다.

단순한 호기심보다는 원리를 파악하고자 하는 과학적 호기심이 생겨 저울, 온도계 등으로 주변 사물들을 관찰하고 실험하기를 좋아한다. 액체를 섞어보거나 점토를 합쳐서 살펴보는 등 다양한 활동을 할 수 있다. 아이의 흥미를 불러일으킬 수 있는 놀잇감이나 교육 교재로 집중하는 습관을 길러주면 아이의 호기심도 채울 수 있고 다양한 형태의 학습을 하게 할 수 있다. 아이에게 관심을 가지면서 다양한 기회를 마련해주어야 한다.

이전 시기보다는 글 읽기가 조금 더 자연스러워지며, 쓰기도 어느 정도 가능해진다. 하지만 읽기와 쓰기가 아직 완벽한 것은 아니다.

대부분 맞춤법을 모르기 때문에 글을 소리 나는 대로 쓰며, 띄어쓰기도 안 되어 무슨 내용인지 알아보기 힘들 정도로 죽 붙여서 써놓기도 한다.

언어 문법에 맞는 문장을 사용해요

성인들과 일상적인 대화를 나눌 수 있고, 먼저 질문할 수도 있다. 앞뒤 문맥을 통해 모르는 단어의 뜻을 유추할 정도로 언어능력이 발달한다. 존댓말도 완전히 익혀서 상대에 따라 적절히 사용할 수 있다.

이 시기의 아이들은 상황에 대해서 복잡한 묘사를 하기 시작하고 문법적으로 완벽한 문장을 구사할 수 있다. 이야기를 논리적으로 전할 수 있고 유머 감각이 생겨 우스갯소리도 꽤 잘한다. 끝말잇기나 수수께끼 등 다양한 언어적 유희를 즐길 수 있다. 이 시기 아이들과 대화를 나누다 보면 작은 어른이 말하고 있는 것 같은 느낌을 받을 정도다.

처음 보는 그림이어도 4개 이상의 그림을 순서대로 배열한 후 이야기를 만들어낼 수 있다. 선후 관계는 물론 이야기를 지어내고 다시 말하는 능력이 그만큼 성숙한 것이다. 어떤 아이들은 글자 없는 이야기 책을 펴놓고 종알거리며 마치 글자가 쓰인 책을 읽는 것처럼 다양한 이야기를 만들어내기도 하고, 실제 쓰인 내용과는 상관없는 새로운 이야기를 만들어내기도 한다. 새로운 어휘들을 배우는 곳이 가정, 학교나 사회, 친구, 대중매체 등으로 이전보다 다양해진다.

정서 또래 활동을 좋아하고 부모를 설득해요

그냥 노는 것보다 규칙을 정해서 노는 것을 더 재미있어한다. 친구들과 노는 것을 좋아하며, 엄마가 곁에서 간섭하는 것을 싫어한다. 역할 놀이의 내용이 다양해지고 다른 아이들과 함께 가지고 노는 놀잇감도 다양해진다. 이 시기의 아이들은 실물이 없어도 놀 수 있을 정도로 활동 반경이 넓어진다. 스스로 감정을 통제할 수 있게 되며, 원하는 일이 생각대로 되지 않을 때는 화내거나 우는 대신 부모를 설득해서 자신이 원하는 것을 얻고자 한다. 어떤 감정은 표현해도 되지만 어떤 감정은 표현하면 안 된다는 것과 같은, 감정을 구분하고 조절하는 능력도 생긴다.

배려하는 아이로 키우고 싶을 때

"고마워", "미안해"

놀이터 근처를 지나가고 있는데 저 멀리서부터 공이 하나 데굴데굴 굴러왔다. 공을 잡아서 주인이 누구인가 하고 두리번거렸다. 잠시 찾아보니 일곱 살쯤 된 아이 하나가 뛰어오는 게 보였다. 짧은 머리를 한 아이가 공을 잡고 있는 나를 보더니 웃으면서 다가왔다.

"이 공이 네 거구나?"

"네, 감사합니다."

고개를 숙여서 꾸벅 인사하고 돌아가는 아이의 모습 뒤로 엄마로 보이는 분이 서 계셨다. 아이가 공을 들고 엄마 쪽으로 뛰어가자 엄마가 아이에게 뭐라고 말을 거는 모습이 보였다. 뒤돌아보면서 내 쪽을 가리키는 것이 아마 "저분이 주워주셨어"라고 말하는 것 같았다.

주말 저녁이라 식당이 무척 혼잡했다. 가족과 함께 식사를 하고 있었는데, 옆 테이블에는 여섯 살이나 일곱 살쯤 되어 보이는 아이의 가족이 있었다. 아이가 갑자기 무엇을 가지러 간다고 부산스럽게 일어나다가 우리 자리에 있던 물컵을 떨어뜨렸다. 플라스틱이라 깨지지는 않았지만 물이 쏟아져 내 바지를 살짝 적셨다.

"아휴, 죄송해요."

아이의 엄마가 벌떡 일어나 나에게 사과했다. 그러면서 아이에게 다그치듯이 말했다.

"뭐 해, 얼른 '죄송합니다' 해야지."

"죄송합니다."

아이는 당황한 기색이 역력했다.

엄마들은 아이들이 '감사합니다'나 '죄송합니다'라는 말을 잘하는, 남들의 감정을 잘 읽고 잘 대응하는 아이로 키우고 싶다는 생각을 한다. 그런 말을 잘하는 아이들은 예의가 바른 아이라고 생각하기 때문이다.

그런데 앞서 든 사례에서 첫 번째 아이는 감사해하는 마음이 그의 말에 담겨 있었다. 아이가 간 쪽을 한참 쳐다본 이유도 아이가 밝게 건넨 "감사합니다"라는 인사가 참 대견했기 때문이다. 두 번째 아이는 아마 물컵이 떨어진 상황이 무척 당황스러웠을 것이고 놀라기도 했을 것이다. 잘못한 상황이기 때문에 사과를 해야겠다는 생각보다는 아마 놀라움이 더 컸으리라 본다. 그런데 엄마가 "얼른 '죄송합니다' 해야지"라고 한 말에 잔뜩 주눅이 들어서 죄송하다고 말했다.

첫 번째 경우에 나는 감사하다는 말을 듣고 기분이 좋았다. 오히려 감사하다고 말한 아이를 칭찬해주고 싶은 마음이 들었다. 감사 인사를 제대로 받은 기분이었다. 하지만 두 번째 경우에는 죄송하다는 말을 들으면서도 마음이 불편했다. 아이가 정말 사과하는 것처럼 들리지 않았고 잔뜩 주눅이 들어 있는 모습을 보니 마음이 좋지 않았다.

아이들이 엄마를 사랑하고 존경하는 마음은 무척 크다. 그래서 엄마가 뭔가 힘들어 보이거나 도와주어야 할 것이 생기면 먼저 나선다. 아이에게 먼저 요청하지 않더라도 "엄마, 내가 도와줄까?", "엄마, 내가 문 열어줄게요"와 같이 자발적으로 도와주려고 할 때가 있다. 또는 아이가 눈치채지 못하더라도 "○○야, 이것 좀 들어줄래?", "○○야, 엄마 이것 좀 빼줄래?" 하고 말하면 아이들은 흔쾌히 도와준다.

이런 상황에서 아이가 엄마를 도와주면 엄마는 진심으로 "고마워"라고 말하는 것이 좋다. 아이들은 자기가 좋아하는 엄마로부터 고맙다는 말을 들었을 때, 감동하게 된다. '다음에 또 해서 칭찬받아야지', '다음에 또 엄마를 도와줘야지' 하는 생각을 하게 된다. 엄마가 고맙다는 표시를 하면, '내가 엄마에게 도움이 됐어', '엄마가 나에게 고맙다고 말했어', '엄마가 고맙다고 말하다니 신난다'와 같이 생각하게 된다. 나의 행동이 상대방에게 긍정적인 영향을 미치고 도움이될 수 있다는 생각을 하는 것이다.

'죄송합니다'도 마찬가지다. 아이는 죄송한 마음이 그다지 없는데엄마의 강요 때문에 "죄송합니다"라고 했다면, 미안한 감정이 있어서라기보다 엄마의 강요 때문에 말한 것과 마찬가지다. 아이가 진심을 담아서 다른 사람에게 미안하다고 말할 수 있으려면 자신도 진정한 사과를 받아본 적이 있어야 한다.

어른들도 실수를 한다. 일테면 아이를 의심하기도 하고, 아이가 무슨 잘못을 한 것으로 오해하기도 한다. 그래서 "혹시 이거 네가 한 거아니니?", "네가 실수로 깨뜨린 거지?"라고 묻거나 다그치기도 한다.그럴 때 혹시 이렇게 의심한 것이 부모의 오해였고 오해가 풀렸다면, 부모는 망설이지 말고 아이에게 사과부터 해야 한다.

"미안해."

그리고 그 사과는 대충 하는 것이 아니라 마음을 담아서 해야 한다. 부모가 사과하는 모습을 보고 아이도 사과하는 법을 배우게 되기 때문이다. 부모의 그런 태도를 통해 아이들은 '어른들도 실수할수 있다. 그리고 이런 상황에서는 사과를 해야 한다'라는 것을 알게된다.

누구나 실수하고 누구나 잘못할 수 있으므로, 오히려 그다음에 어떻게 하느냐가 더 중요하다. 만약 제대로 사과하는 법을 배우지 못하면 아이는 잘못이나 실수를 대충 넘어가는 법부터 배우게 된다.

부모가 하는 감사의 말이나 부모가 하는 사과의 말을 듣고 아이는 사람들과의 관계에서 어떤 문제가 발생했을 때 해결하는 방법을 배우게 된다. 또한 사람들 사이에서 발생하는 뜻하지 않은 상황에서도 예의를 지키고 현명하게 대처할 수 있다. 그리고 누가 시키지 않더라도 자연스럽게 상대방에게 감사나 사과의 인사를 할 수 있다.

배려하는 아이로 키우는 엄마의 말

부모가 먼저 "감사합니다", "미안합니다"를 자주 사용하세요.
아이에게 "감사합니다", "미안합니다"라는 말을 하도록 강요하지 마세요.
아이에게 고마운 일이 있다면 진심으로 고마움을 표현하세요.
아이에게 미안한 일이 있다면 즉시 인정하고 진심으로 사과하세요.

"제일 하고 싶은 게 뭐야?"

이 시기 아이들은 정말 많은 것을 하고 싶어 한다. 그리고 자기 능력이 그에 미친다고 생각한다. 다른 아이들이 하고 있는 것을 보면 자신도 하고 싶어 한다. 하지만 부모가 아이에게 모든 것을 해줄 수는 없는 노릇이기도 하고, 원하는 것을 다 할 수 있다는 생각을 심어주는 것도 문제다. 그런데 아이들과 이야기를 하다 보면 자신이 정말 하고 싶고 원하는 것이 무엇인지 불분명한 경우도 많다. 이럴 때 불필요한 충돌을 피하고 아이와의 관계도 나빠지지 않게 하는 가장 좋은 방법은 무조건적인 수용이나 금지가 아닌, 협상을 선택하는 것이다.

기본적으로 아이들은 선택하기를 어려워한다. 여러 가지 중에서 하나를 고르는 것은 아이들에게 어려운 문제이기 때문이다. 문구점에서 원하는 문구류 고르기, 마트에서 원하는 장난감 고르기, 슈퍼마켓에서 원하는 간식거리 고르기 등 아이는 수시로 선택의 순간과 마주한다.

이럴 때는 우선 원하는 것을 모두 고르게 한 뒤, 하나씩 하나씩 지워가는 방법으로 한 가지를 택하게 하는 것이 좋다. 원하는 장난감이 여러 개라면 그 여러 개 중에서 원하는 하나를 선택하는 것보다 마음에 덜 드는 것부터 하나씩 지워가는 것이다.

예를 들어 마트에서 경찰차, 불도저, 포클레인, 기차를 골랐다고 하자. 그러면 "자, 이것 중 하나를 고를 거야. 집에 없거나 네가 꼭 필요한 것 중 하나를 사면 좋겠어. 제일 가지고 싶은 게 뭐야?"라는 말을 미리 해준다. 아이가 무엇을 고를지는 아이의 판단에 맡기는 것이 좋다. 아이가 고른 여러 개의 장난감을 두고 엄마가 "이거는 ○○ 때문에 안 되고 이거는 ×× 때문에 안 되고" 식으로 말하는 것은 잘못된 전략이다.

그리고 아이가 하나씩 지우기도 어려워하거나 최종적으로 두 가지 중에 한 가지를 선택하길 어려워한다면 말로 도움을 줄 수 있다. 이때도 "엄마가 조금 도와줘도 될까?" 하고 허락을 구해야 한다. 안 그러면 엄마가 자신의 선택을 간섭한다고 생각할 수 있다. 기다릴 수 있다면 아이가 선택할 수 있도록 시간을 충분히 주고, 아이가 도움을 요청할 때 개입하면 된다.

"기차는 새로운 장난감이네. 네가 고른 것은 자동으로 굴러가니까 좋아 보이고, 집에 있는 레일과 연결해서 쓸 수 있겠네. 그런데 많이 비싸다. 그리고 경찰차는 집에 큰 거 작은 거 여러 개가 있어서 경찰차만 많아지겠네. 가격은 저렴해서 그다지 부담스럽지 않고."

이처럼 고른 장난감의 단점만 이야기하는 것이 아니라 장점도 이야기하고, 아이가 미처 생각하지 못한 부분이나 내용까지 알려주면 더욱 좋다.

이런 과정을 통해서 '가장 원하는 것'을 골라본 경험이 있는 아이는 다음에 비슷한 상황을 만났을 때 여러 가지 이유를 생각해보고 하나씩 제거하는 방법으로 자신이 가장 원하는 것을 선택할 수 있다. 비슷한 상황이 아니더라도, 아이는 최종 결정을 하는 방법을 배울 필요가 있다.

장난감뿐만이 아니라 아이가 지금 하는 것을 더 하고 싶어 하는 경우도 있다. 놀이터에서 놀고 있는데 집에 돌아갈 시간이 됐다거나 어디를 가야 하거나 해서 이제 그만 떠나야 하는 상황이 생길 수 있다. 키즈카페에서 놀다가 나와야 하는 상황도 마찬가지다. 아이들은 자신이 거기서 더 놀지 못한다는 사실에 화를 내고 소리를 지르기도 하는데, 이런 장면은 놀이터나 키즈카페에서 흔히 볼 수 있다.

그런 일이 벌어지면 부모들은 아이를 강제로 데리고 오기도 하고, "나쁜 사람이 잡아간다"라거나 "엄마 갈 거야. 너 혼자 있어" 하고 겁을 주기도 한다. 그러면 아이들의 울음소리는 더 커진다.

"집에 가기 싫어, 나 더 놀 거야" 하는 아이에게 놀이터에서 마지막으로 할 것을 고르게 해보자.

"제일 하고 싶은 게 뭐야? 우리 여기에서 미끄럼틀을 마지막으로 탈까, 아니면 시소를 마지막으로 탈까?"

그리고 아이가 미끄럼틀을 고르면 미끄럼틀을 타게 한다. 하지만 여기에서도 전제 조건이 있다. 아이에게 이렇게 묻는다.

"자, 그러면 몇 번을 타면 좋을까?"

아이가 "열 번"이라고 말한다면 그것을 들어주면 된다. 아이가 횟수를 스스로 정하기를 어려워하거나 고민한다면, "다섯 번을 탈까, 세 번을 탈까?" 하고 선택형으로 물어도 좋다. 아이가 "다섯 번"이라고 답했다면 "자, 그럼 다섯 번만 타고 집으로 가자"라고 말한다. 그리고 아이와 함께 숫자를 세면서 미끄럼틀을 타고 집으로 돌아오면 된다.

강제로 끌고 오는 것보다 시간이 많이 걸리는 방법 같지만, 실제로는 시간도 훨씬 적게 걸리고 감정 소모도 크지 않다. "가자", "싫어", "가자", "더 놀 거야"를 반복하는 것보다 힘을 덜 써도 되고 아이와 부모가 감정을 상할 필요도 없으니, 엄마에게도 아이에게도 합리적인 해결 방법이다.

아이들도 자신이 협상한 사항은 별로 거부하지 않고 잘 지킨다. 횟수나 방법 등을 자신이 골랐기 때문에 아이의 거부 반응도 줄어든다. 협상의 결과를 잘 지킨 아이에게는 결과가 어찌됐든 간에 "약속을 잘 지켜줘서 엄마가 참 기분이 좋아", "약속을 잘 지켜줘서 고마워"와 같은 칭찬을 해주는 것이 좋다. 그러면 아이는 다음에도 협상에 순조롭게 임하고, 약속도 잘 지키게 된다.

협상을 알려주는 엄마의 말

아이와 협상을 해야 하는 상황이 생겼을 때는 다음과 같이 해보세요. 그리고 모든 협상의 과정을 아이가 잘 수행하고 약속을 지켰을 때는 반드시 칭찬해주세요.

• 물건을 고를 때
1. 결정을 빨리하라고 독촉만 하면 아이가 만족할 만한 선택을 할 수 없습니다. 물건을 고를 때는 여러 가지 물건을 두고 하나씩 지우게 하세요.

> "빨리 골라!" "왜 이렇게 못 고르니." "서둘러."
>
> ↓
>
> "다 살 수는 없으니 몇 개만 골라볼까?"
> "하나만 살 수 있으니까 이것 중에 우리 하나씩 지워보자."
> "아, 그걸 빼는 거야? 왜 그렇게 생각했어?"

2. 마지막 2개 중 하나를 못 고를 때는 엄마가 도와줘도 되는지 물어보세요. 그리고 도와줘도 된다고 하면 아이에게 양쪽의 장단점을 설명해주세요.

> "정말 못 고르겠으면 엄마가 조금 도와줘도 될까?"
> "이 장난감은 ~~~하고 이 장난감은 ~~~한데, 어떤 게 더 좋을까?"
> "엄마가 고른다면 이걸 고르고 싶은데, 이유는 ~~~야. 너는 어떠니?"

• 놀이터에서 떠나지 않으려고 할 때
1. 아이를 무조건 독촉하는 방법 또는 부모가 화난 감정만 전달하거나 협박

하는 방법으로는 협상이 제대로 이루어질 수 없습니다. 아이에게 마지막에 하고 싶은 놀이나 활동을 고르게 하세요.

"얼른 가자." "빨리 안 가면 엄마 화낸다." "엄마 가버릴 거야."

↓

"마지막에 무엇을 하고 끝낼까?"

"지금 꼭 하고 싶은 게 뭐니?"

2. 얼마나 더 할지 아이가 선택하게 하세요.

"미끄럼틀 몇 번 탈까?"

"몇 번 셀 동안 더 할까?"

아이가 하고 있는 일을 잘 끝냈을 때

"해냈구나"

초등학교 입학을 앞둔 많은 아이가 수를 읽거나 계산하는 것 또는 글을 읽거나 말하는 것에 대해 "와, 대단하다", "진짜 잘한다", "훌륭하다"와 같이 결과에 대한 칭찬을 듣게 된다. 하지만 '대단하다', '잘한다'라는 말에는 이전에는 못했던 과정이나 못했던 상황, 대단하지 않았던 상황이 있었다는 것을 전제한다. 한글이나 수를 제대로 인지하지 못했던 이전 시기의 아이가 대단하지 않았던 것인지 다시 한번 생각해볼 필요가 있다. '훌륭하다'라는 말도 마찬가지다. 한글을 읽고 수를 계산하지 못했던 시간은 훌륭하지 않았다는 것일까? 물론 그런 의미로 쓴 말은 아니었을 것이다. 하지만 무심코 아이의 결과에 대해 칭찬했던 말들이 사실은 아이의 상황을 평가하는 말이었을지도 모른다는 생각을 하게 된다.

아이들은 이 시기에 학습 및 생활 환경 속에서 실험, 관찰, 도전을 하며 그 과정에서 성공과 실패를 경험한다. 그리고 계획하거나 생각한 대로 많은 것을 이뤘을 때 성취감을 느끼게 된다. 이런 과정에 있는 아이들에겐 우선 격려를 해주어야 한다.

우리는 아이가 처음 "엄마"라고 하던 순간도, 처음으로 걸음마를 떼던 순간도 정확하게 기억하고 있다. '엄마'라는 첫마디를 하기 위해 수없이 많은 옹알이를 했다. 혼자 일어나고 걷기 위해 수없이 넘어지고 수없이 주저앉았다. 그러다가 아이가 스스로 무언가를 해냈을 때 진심으로 기뻐하고 대견해했다. 그 이전의 아이가 대단하지 않았거나 잘하지 못했던 건 아니다. 발달 과정상으로 아이들은 성장하고 있다고 생각하기 때문이다.

그런데 안타깝게도 60개월이 넘으면, 많은 부모가 학습과 관련하여 아이의 실패나 실수에 예민해진다. 처음부터 더하기 빼기를 하고, 처음부터 한 글자도 안 틀리고 한글을 읽고 쓰는 아이는 없다. 그런데도 왠지 아이가 잘 해내지 못하면 아기 때처럼 격려하거나 지지하는 것이 아니라 문제가 있는 것은 아닌지 걱정을 하게 된다. 그러다 보니 잘못된 것을 수시로 지적하거나 또래 아이들과 비교하는 말을 사용하게 된다.

"옆집 ○○이는 벌써 이만큼 한다던데 왜 이렇게 못하니?"

"글을 읽었는데 왜 이해하지 못하는 거야?"

"이만큼 했으면 이제 알아야 하지 않아?"

"다른 친구들만큼 좀 해봐."

이런 말들은 아이에게 상처를 준다.

다른 사람과 비교당하는 것만큼 기분 나쁘고 속상한 상황은 없다. 그 다른 사람이 친구이거나 가까운 친척이거나 가족이라면 더더욱 그렇다.

'엄마는 내 맘도 모르면서….'

'왜 비교를 하는 거지?'

'나도 잘하고 싶은데….'

'기분 나빠.'

그 친구는 잘하는데 나는 못한다고 생각하기 때문에 아이는 자존심이 상하고 자존감도 떨어진다. 비교당한 친구를 보는 눈이 고울리가 없다. 그런 말을 하는 엄마가 밉고 속도 상한다. '엄마가 나를 사랑하지 않는 건 아닐까?' 하는 생각도 하게 된다. 정말 잘하고 싶은데 방법도 모르겠고 상황도 잘 모르겠어서 '해도 안 되나 봐' 하고 자포자기할 수도 있다. 사실 실패했을 때 제일 속상한 사람은 아이다. 잘하고 싶은데 생각보다 잘 안 되기도 하고, 분명 잘 해낸 것 같은데 실패했기 때문에 더욱 속상하다.

아이의 실패는 단순히 그냥 실패가 아니고, 아이의 실수는 그냥 실수가 아니다. 지금 당장은 아이의 수준이 미숙해서 이런저런 일을 제대로 수행하지 못할 수도 있다. 하지만 처음 걸음마를 하던 때처럼, 부모는 아이가 그다음 단계로 가기 위해 발돋움을 하는 시기라고 생각해야 한다. 물론 부모는 학교 입학을 앞두고 마음이 급하다 보니 비교를 했을 수도 있다. 이 시기 부모라면 누구나 겪게 되는 마음속 고민이다.

60개월이 넘어가면, 초등 입학을 앞두고 학습적인 과제를 제공하는 기회가 많아진다. 우리 아이를 다른 아이들과 비교하는 대신 어제의 아이 또는 며칠 전의 아이보다 오늘의 아이, 지금의 아이가 더 성장한 것으로 충분한 의미를 부여할 수 있다. 얼마 전만 해도 숫자를 더듬더듬 읽던 아이가 오늘은 숫자를 머뭇거리지 않고 잘 읽고 쓸 수 있다면, 5까지만 말할 수 있던 아이가 10까지 무리 없이 말할 수 있다면 그것이야말로 성장 아닐까? 어제까지 자기 이름만 쓸 줄 알던 아이가 동생 이름도 쓸 수 있게 됐다면 어제보다 한 뼘 더 성장한 것 아닐까?

어제보다 낫고 잘했다는 의미로 "며칠 전에는 5까지만 말하더니 오늘은 10까지 잘 말했네", "네 이름을 쓰는 것도 참 기특했는데 오늘은 동생 이름까지 쓰는구나" 하고 '해냈구나'라는 의미를 담아서 칭찬해주는 것이 가장 의미가 있다. 거기에 부모의 감정을 덧붙이면 더욱 좋다. "네가 이것을 해내다니 엄마가 감동했어", "아빠는 네가 해내서 정말 기뻐"와 같은 감정을 전달하면 아이도 무척 좋아한다.

이렇듯 아이가 해냈다는 자체를 칭찬하고 격려하면 아이도 기분이 좋아진다. 남보다 잘하는 것이 중요한 것이 아니라 아이 스스로 자신이 어제보다 좋아지고 있다는 것, 발전하고 있다는 것에 의미를 두게 되므로 자기 자신의 성장이라는 측면에서 더욱 가치 있다고 느끼게 된다.

단계를 건너뛰면서 발달하는 아이는 없다. 아이들은 어제보다 며칠 전보다 분명히 성장하고 발달했다. 실패하고 싶어 하고 실수하고 싶어 하는 아이는 아무도 없다. 어제보다 발달하고 있고, 어제보다 더 정확해지고 있다면 칭찬해주고 존중해주어야 한다. 아이의 성장은 '매 순간 해낸 것'의 연속이다. 다음에는 오늘 해낸 것보다 더 복잡하고 어려운 것을 해낼 것이다. 아이의 발달 자체에 초점을 맞춘다면 아이는 성취감을 가지고 성장해나갈 것이다.

성취감을 가지게 하는 엄마의 말

1. 다른 아이와 비교하거나 아이가 틀린 것에 대해 비난하지 마세요.

"옆집 ○○이는 한글도 다 쓴다던데."

"기껏 가르쳐줬는데 왜 또 틀린 거야?"

2. 며칠 전보다 과제 수행 능력이 나아졌다면 구체적으로 칭찬해주세요.

"지난번에는 어려워하더니 오늘은 '2 더하기 2'도 잘 맞히네."

"며칠 전만 해도 네모만 접을 줄 알더니 오늘은 비행기도 잘 접는구나."

"만약 ~라면"

60개월이 넘은 아이들은 사고와 인지가 발달해 지금 눈앞에 보이지 않더라도 많은 것을 상상해낼 수 있다. '내가 만약 ○○라면'이라는 주제를 던졌을 때 다양한 상황을 예측해서 문장이나 이야기를 만들고 그럴듯한 설명을 할 수 있다.

아이들의 상상력에 대한 무한한 가능성을 바탕으로 다양한 언어 자극을 주어야 한다. 이 시기 아이들에게 이루어지는 엄마의 적절한 언어 자극은 아이의 상상력과 창의력 발달을 촉진한다. 이 시기에 마음껏 상상해보는 경험은 이후 아이의 성장 과정에서 매우 중요하다. 아이들은 상상을 통해서 세상을 만나고, 지금의 현실 세계가 아닌 '만약 ~라면'이라는 상상 속에서 논리적인 과정을 통해 설명하는 나름의 경험을 쌓게 된다.

처음에는 구체적인 사물을 활용해서 '~라면'의 대상을 정하는 것이 좋다. 그러면 그 대상의 특성을 생각하고 상상하면서 연결 지을 수 있기 때문이다. 구체적인 사물이라면 '만약'의 상황이 들어왔을 때도 좀더 구체적으로 생각하고 만들어낼 수 있다.

아이들과 그룹 언어치료 시간에 신체 놀이를 하면서 '누구인지 또는 무엇인지 맞히기' 놀이를 한 적이 있다. 그냥 동물을 흉내 내서 맞히는 게임을 하겠다고 하면 아이들은 막연해한다. 그래서 '내가 만약 새라면'이라는 생각을 하면서 어떻게 하는 것이 새의 특징인지 떠올려보라고 했다. 또는 '내가 만약 강아지라면'이라고 상상하면서 강아지가 어떤 형태로 움직이고 활동하는지 떠올려보고, 그것을 잘 드러내려면 어떻게 해야 하는지 고민해보라고 했다.

팀으로 나누어 게임처럼 진행하면서 각 팀에 동물 이름이 쓰인 스케치북을 주었다. 한 아이가 스케치북을 펴서 '코끼리'라고 적힌 페이지를 보여주고, 또 다른 아이가 코끼리의 긴 코 모양을 흉내 내면 마지막 아이가 '그것이 무엇인지' 맞히는 게임이다. '사자'면 어흥 하는 손 모양과 표정으로 사자의 모습을 나타내기도 했다. 아이들의 모습은 다소 엉성했지만 동물들의 특성을 잡아서 흉내 내는 모습이 사뭇 진지해 보였다.

책을 읽거나 영화를 보고 나서 독후 활동으로 '만약 내가 주인공이라면'이라고 상상해보게 하는 것도 재미있다. 책의 내용이나 영화의 줄거리를 잘 이해한 아이들은 주인공이든 아니면 주변 인물이든 간에 나름대로 역할을 상상해서 말할 수 있다. 착하기만 해서 나쁜 새엄마에게 매일 구박받는 신데렐라의 이야기를 놓고 "내가 신데렐라라면?"이라는 주제를 제시했더니 아이들이 기발한 생각을 이야기했다.

"새엄마에게 당하고만 있지는 않을 거예요."

"유리구두가 내 것이라고 당당하게 앞에 나가 이야기할 거예요."

신데렐라에 대한 측은함과 불쌍하다는 생각이 잘 드러난다.

주인공만큼 재미있는 것은 악역의 역할을 이야기할 때인데, "내가 만약 새엄마라면?"이라는 주제를 내놓았더니 이런 이야기들이 나왔다.

"신데렐라에게 좀더 잘해줄 것 같아요."

"똑같이 생긴 새 유리구두를 준비해서 딸에게 신어보라고 하면서 신하들을 속일 거 같아요."

아이들은 해피엔딩을 기대하기도 하고, 의외의 재미있는 생각을 내놓기도 했다.

'만약 ~라면'의 대상을 사람으로 해도 재미있지만 장소나 시간, 사건으로 해도 상상할 거리가 더 많아진다. '만약 신데렐라가 우리나라에 태어났다면?', '만약 신데렐라가 우리 옆집에 사는 친구라면?', '만약 세종대왕이 신데렐라와 만났다면?'처럼 가정하는 것도 아이들에게 재미있는 상상을 할 기회를 제공한다.

아이를 둘러싼 상황이나 환경에 대해 '만약 ~라면'이라는 말로 상상을 유도하는 것도 재미있는 놀이가 된다. '만약 지금 우리 집이 어항이라면?', '만약 비행기를 타고 여행을 간다면?', '만약 내가 이순신 장군을 만난다면?', '만약 나에게 동생이 있다면?'과 같이 아이나 가족이 주인공인 상황을 만들어볼 수 있다. 자신의 상황과 둘러싼 이야기이기 때문에 아이들은 눈을 반짝이며 집을 둘러보거나 질문하는 부모를 쳐다보며 더 재미있고 적극적으로 참여하게 된다.

이 질문에는 정답이 없기 때문에 과정도 결말도 열려 있다. 아이가 나름의 방식으로 재미있게 설명하면 된다. '만약 ~라면'이라는 말을 전제로 했는데 아이의 이야기가 전혀 새롭지 않고 이상하더라도 열심히 들어주자. 부모가 "이야기가 정말 재미있다", "정말 그럴 수도 있겠다"라고 반응하는 것이 중요하다. 그래야 아이는 더욱 신나고 즐겁게 상상하면서 머릿속으로 여러 가지 상황을 가정하고 새로운 세계를 만들어갈 수 있다.

"어쩌면 이야기를 그렇게 잘 만드니?"

"지금 한 이야기를 동화책으로 만들어도 되겠다."

"한 번도 그렇게 생각해본 적이 없는데 정말 기발하다."

부모의 이런 칭찬과 반응을 접하면 아이는 자신의 이야기를 자랑스럽게 생각하게 된다.

상상력과 창의력은 지금 시대를 살아가는 아이들에게 꼭 필요한 능력이다. 지식을 많이 아는 것보다 그것을 활용해서 상상할 수 있는 능력을 키우려면 이때가 최적의 시기다. 처음에는 아이가 상상하기를 어려워하고 감을 잘 못 잡을 수도 있다. 이럴 때는 어떻게 상상하는지를 부모가 직접 보여주는 것이 좋다. 상상 놀이를 좋아하는 아이라면 더욱 구체적이고 세밀한 부분에서 '만약 ~라면'을 활용할 수 있고, 처음 해보는 아이라면 아주 쉬운 것부터 시작하면 된다.

상상력을 키우는 엄마의 말

1. 마음껏 상상할 기회를 주세요. 단순히 사실을 확인하는 질문보다 상상력을 자극하는 질문을 해주세요.

   "누가?" "어디?"

   ↓

   "생각해볼까?" "만약 ~라면?"

2. 아이의 이야기를 관심을 기울여 들어주고 재미있다고 이야기해주세요.

   "말이 안 돼." "이상해". "그런 이야기가 어디 있어?" "만화를 너무 많이 봤네."

   ↓

   "와, 진짜 재미있다!" "기발하다." "남들은 이런 생각 못 할 거야." "대단한데?"

장재진 언어치료사가 전하는 언어 발달 tip

읽기 자신감을 서서히 키워주세요

한글을 처음 배우는 아이들도 낱말을 정확하면서 유창하게 읽는 시기는 각각 다릅니다. 일반적으로 읽기에 집중하면서 유창하게 읽게 하려면, 단어나 문장 읽기 수준이 어느 정도 갖추어져야 합니다. 그리고 읽기가 어느 정도 안정될 때까지는 눈으로 읽는 것이 아니라 소리를 내어 읽을 수 있도록 격려해주어야 합니다.

글을 정확하고 빠르게 읽는 능력과 글을 이해하는 능력이 연관된다는 연구 결과가 많습니다. 따라서 아이가 글을 정확하고 빠르게 읽도록 부모가 다양하게 촉진해주는 것이 좋습니다.

무엇보다 읽기 훈련을 위한 글이나 책을 잘 선택해야 합니다. 반복 읽기나 다양하게 읽기를 하기 위해서는 아이가 좋아하는 글이 좋습니다. 길이는 짧아도 괜찮습니다. 읽기 유창성이 어떻게 변화하는지 보기 위해서 우선 아이가 어느 정도의 정확도와 속도를 가지고 읽는지 확인해볼 필요가 있습니다. 읽기를 위한 과제는 아이가 좋아하는 주제로 정하되, 아이가 읽기를 어느 정도 하는지 정확하게 알려면 조금 생소한 주제를 정하면 됩니다.

아이에게 읽기를 지도하기에 앞서 부모나 어른들이 소리 내어 읽는 모습을 보여줄 필요가 있습니다. 유창하게 읽는 것이 어떤 것인지 알려주기 위해 시범을 보이는 것입니다. 이런 읽기 시범을 통해 아이는 어디에서 끊어 읽는지, 언제쯤 문장을 쉬어주는지를 알게 됩니다. 그리고 질문형 문장에서는 끝부분의 억양이 올라가고 평서형에서는 내려간다는 것과 같은 기본적인 문장 읽기와 글 읽기의 기술들을 배우게 됩니다.

만약 아이가 읽다가 실수를 하더라도 "틀렸잖아"라고 말하지 말고 맞게 읽어주는 모델링을 해주세요. 아이가 바로 고치고 수정할 수 있도록 돕는 방법입니다.

그러면 글을 빠르고 정확히 읽게 하려면 어떤 방법으로 도움을 줄 수 있을까요? 읽는 것에 자신이 없어 하는 아이라면 같은 글을 반복해서 읽도록 하는 것이 좋습니다. 같은 글을 여러 번 읽게 하되, 아이에게 몇 번 읽으라고 지시하면 지겨워하거나 싫어할 수 있으므로 방법을 다양하게 하는 것이 좋습니다. 시간을 정해놓고 읽어보기, 부모나 형제자매와 번갈아 읽기, 연극처럼 실감 나게 읽기 등 다양한 방법으로 읽어보게 합니다.

의도적으로 글을 띄어 읽는 연습도 해봅니다. 처음 글을 읽거나 단락을 읽기 시작하면 아이들은 그것을 읽는 데만 집중해서 정확한 의미에 따라 문장을 끊어내지 못합니다. 글은 띄어 읽기가 제대로 안되면 이해가 되지 않습니다. 읽기에 대한 이해가 부족하다고 생각이 든다면 문장이나 단락을 읽을 때 의도적으로 끊어서 읽게 합니다.

이렇게 읽기 연습을 하는 과정에서도 부모의 격려와 칭찬이 필수적입니다. "왜 이렇게밖에 못 읽어?", "무슨 뜻인지 알고 읽는 거야?"와 같은 말투는 읽고자 하는 의욕이 사라지게 합니다. 자신감을 가지고 글을 읽을 수 있도록 아이를 격려하고 "오늘은 어제보다 더 잘 읽는구나"라고 칭찬해주는 것이 좋습니다.

때로 익숙하지 않은 어휘의 뜻이나 내용을 먼저 알려주면 전체적인 글을 이해하는 데 도움이 됩니다. 읽기 연습을 하기 전에 아이에게 글의 내용이 괜찮은지, 읽는 데 무리가 없겠는지 미리 확인하세요. 단어의 뜻을 잘 알고 있는지도 확인해볼 필요가 있습니다. 아이의 읽기 능력과 읽기 자신감은 글을 정확하게 읽고 이해하는 능력에서 나온다는 것을 기억해야 합니다.

말놀이를 즐길 수 있도록 해주세요

말하는 사람이 자신이 말하고자 하는 바를 완전히 전달하려면 문자 그대로의 의미만을 이해하고 사용하는 것으로는 부족합니다. 60개월이 넘어서면 자신이 말하고자 하는 바를 완전히 전달하기 위해 문장을 둘러싼 여러 가지 맥락을 사용하게 됩니다. 문장의 구조를 만드는 능력, 언어를 다루는 능력, 농담을 이해하는 능력, 문장을 단어로 또는 단어를 음절로 나누거나 구분할 수 있는 능력, 문장 안에서 단어의 뜻을 추측해 파악하는 능력 등이 발달해야 언어능력이 더욱 발달하게 됩니다.

아이는 언어가 자신의 목적을 이루는 수단이라는 것을 알고, 언어를 사용해야 원하는 것을 얻을 수 있다는 인식을 하게 됩니다. 언어가 제대로 발달해야 소통 상황도 충분히 이해할 수 있습니다. 이 시기 아이들은 말을 자유자재로 사용하며, 말을 통해서 원하는 것을 얻고 자신의 감정을 전달합니다. 또한 비유나 농담 등을 이해하고 자연스럽게 사용할 수 있습니다.

끝말잇기는 철자에 대한 인식 정도를 확인할 수 있는 가장 좋은 방법입니다. '가로 시작하는 말', '리로 끝나는 말' 또는 '끝말잇기'와 같이 철자와 관련된 단어를 찾으며 노는 놀이는 이 시기의 아이들에게 쉬운 일은 아닙니다. 명확한 끝말잇기를 하려면 자음과 모음에 대한 지식이 있어야 하기 때문입니다. 그렇기에 아이가 끝말잇기를 잘한다는 것은 그만큼 어휘를 많이 알고 있다는 뜻이 됩니다. 아이는 끝말잇기를 하다가 모르는 단어가 나오면 물어보기도 합니다.

"엄마, 탐방이 뭐야?", "아빠, 가로가 뭐야?" 하고요. 이럴 때는 단어를 알기 쉽게 설명해서 이해할 수 있도록 도와주세요. 이런 끝말잇기가 초등 과정까지 이어진다면 교과나 생활과 관련된 다양한 어휘를 늘려가는 데 크게 도움이 됩니다.

농담을 잘하는 아이들은 대화에 잘 집중합니다. 역으로, 대화에 집중하는 아이들은 농담과 트릭을 적재적소에 쓸 줄 압니다. 상대방의 말에 맞장구도 잘 치고 잘 받아칩니다. 즉, 말을 잘하는 아이들이 아니라 오히려 잘 듣는 아이들이라는 얘기입니다. 다른 아이들의 말을 잘 듣다가 적재적소에서 그 말을 재미있게 받아치면 아이들이 재미있어하고 즐거워하게 되죠. 이런 농담은 이야기의 주제를 벗어나지 않으면서도 재미와 흥미를 불러일으킵니다. 또한 순간적으로 내놓는 재치 있는 말 한마디가 아이의 존재감을 드러내게 되므로 또래 사이에서 인기 있는 친구가 될 수 있습니다.

아이가 농담을 하는 상황을 놓치지 말고 과장해서 반응해주는 것이 좋습니다. 사실 아이의 농담은 웃기기보다는 조금 엉성한 경우가 많습니다. 하지만 이야기의 맥락상 아이의 농담이 적절하고, 아이디어가 일부 엿보인다면 재미있다는 반응을 보여주어야 합니다. 그러면 아이는 다음에는 더 재치있고 재미있는 언어유희를 보여줄 것입니다.

엄마의 말이 가진 힘

어머니는 택배 배달을 오는 아저씨가 물건을 놓고 가실 때 단 한 번도 빈손으로 보내신 적이 없었다. 항상 두유나 주스, 비타민 음료 등을 챙겨두셨다가 전해드리곤 했다. '힘든 일을 하는 사람에게 친절해야 한다'라는 생각을 몸소 실천하신 것이다.

그 모습을 보고 자란 나 역시 결혼을 한 후 택배나 음식 배달을 오는 분들을 위해서 몇 가지 음료수를 냉장고에 늘 채워두었다. 나도 어머니처럼 택배 배달 오신 분들에게 "감사합니다"라는 인사와 함께 음료수를 전해드렸다. 그러면 받는 분들도 웃으며 매우 고마워하셨다. 아무것도 아닌 일이지만 기분이 좋았다.

그런데 그 모습을 옆에서 지켜보던 아이들이 이제는 나보다 먼저 나선다. 피자 배달 온 아저씨에게도, 가스 검침 온 아주머니에게도 아이들은 냉장고에서 음료수를 꺼내 드리며 "감사합니다" 하고 인사한다. '띵동' 하고 벨 소리가 나면 현관문 쪽이 아닌 냉장고 쪽으로 먼저 달려가는 큰아이를 보며 여러 번 웃었다. 별것 아닌 일이지만 집에 있는 우리도 우리 집에 볼일이 있어 오신 분도 매번 기분 좋은 순간이다.

아이의 말과 행동은 놀랍게도 부모를 닮는다. 부모가 어떤 말을 하고 어떤 행동을 하느냐가 아이에게 그대로 영향을 주는 것이다. 친구들에게 "~해"와 같이 단정적으로 말하는 아이와 "~해볼까?"라고 말하는 아이는 집에서 부모가 쓰는 말투가 그와 비슷할 확률이 높다. 지방에 사는 아이들이 표준어가 아닌 사투리를 쓰는 것도 자신이 보고 듣고 쓰는 말의 패턴이나 말투를 자연스럽게 받아들이기 때문이다. 그리고 유튜브나 인터넷 방송에 많이 노출된 아이들은 말의 속도도 빠르고 줄임말 형태가 많다. 노출된 언어의 종류나 양에 따라 아이의 말이 얼마나 다른지 확인할 수 있다. 말뿐 아니라 부모의 습관이나 행동 역시 아이들에게 그대로 드러나기에 부모의 영향력이 얼마나 큰지 다시 한번 느끼게 된다.

나는 아이들을 이렇게 키워야 한다고 강요하거나, 이렇게 키워야 아이의 발달이 남들보다 더 빨리 이루어지고 잘 클 수 있다고 말하고 싶은 것이 아니다. 이 연령에 이 정도 수준까지 발달하지 않는다면 많이 늦는 거라는 이야기를 하면서 막연한 불안감을 일으키거나, 아이의 발달이 늦는 이유가 부모 때문일 수도 있다는 말로 자책하게 하려는 것은 더더욱 아니다.

엄마표 언어 자극을 떠올리면서 내가 엄마로서 키웠던, 이제는 많이 자란 두 아이의 어린 시절을 되짚어보게 됐다. 아이가 좋아했던 나의 말이 어떤 것이었는지, 그리고 '이렇게 해주었으면 더 좋았을 텐데' 하고 아쉬워지는 것은 무엇인지 떠올려봤다. 말이 늦었던 큰아이와 말이 빨랐던 작은아이에게 해준 말들, 아이의 언어 발달을 자극했던 말들을 생각해봤다. 우리 아이들이 아주 어렸을 때 맞벌이 부부였던 엄마 아빠 못지않게 사랑을 주신 많은 분이 계셨다. 그분들이 우리 아이에게 해준 말들도 하나하나 되짚어봤다. 내가 지금 언어치료사로서 가르치고 있는 아이들도 생각했다. 그 아이들을 언어적으로 격려하며 조금이라도 성장하게 하기 위해 다독였던 말들도 떠올려봤다.

결코 내 아이들을 잘 키워서가 아니라 도리어 내가 하지 못했던 것, 잘 알지 못해서 실천하지 못했던 것, 다시 키운다면 정말 이런 것들을 놓치지 않으리라 생각했던 것들을 전해주고 싶었다. 아이를 위해서 가장 헌신하고 노력하는 사람은 다름 아닌 바로 부모다. 모든 부모는 정답도 없고 정확한 길도 없는 상황에서 열심히 최선을 다해 아이를 키우고 있다. 내 아이를 누구보다 이해하고 사랑하는 사람이기 때문이다. 그래서 나는 글로, 강의로, 상담으로, 언어치료로 아이들과 부모들을 계속 만날 것이다.

　세상의 모든 아이는 사랑스럽고 세상의 모든 부모는 대단한 존재들이다. 부모는 아이와 함께 성장하고 자라게 된다. 내 나이가 아니라 내 아이의 나이만큼 자라고 성숙해간다. 그래서 두 아이를 키우는 엄마로서의 내 삶은 아직도 진행형이다. 지금의 나와 나의 아이들에게 그리고 모든 부모와 아이들에게 마음 깊은 곳에서 우러나오는 고마움을 전한다. 잘 자라주어서 고맙다고, 그리고 아이들을 이렇게 잘 키워내기 위해 애써주셔서 참으로 감사하다고.

한눈에 보는 0~6세 아이들의
성장 단계표

0~12개월 (만 0세)

영역		발달 특성
신체	기본 신체 활동	목 가누기, 뒤집기, 기기, 앉기, 서기, 걷기, 물건 쥐기, 빨기, 씹기, 손뼉치기 등 기본적인 신체 활동을 할 수 있다.
언어 + 인지	사물 영속성 발달	까꿍 놀이를 좋아하며 상자나 병에 물건을 넣고 꺼내는 활동을 할 수 있다.
	장난감에 대한 다양한 관심	물건을 흔들어보거나 떨어뜨리기, 집어 올리기 등의 활동이 잘 이루어진다. 물건 두드리기, 촉감 느끼기, 만져보기 등을 좋아한다.
	간단한 지시 수행	몸짓을 함께할 때 간단한 지시를 따를 수 있다. "안 돼"라는 말에 70퍼센트 정도의 아이들이 행동을 멈출 수 있다.
	옹알이	처음에는 모음 위주였다가 자음이 함께 나오는 옹알이를 한다. 다른 사람의 음성 억양을 모방할 수 있다.
	첫 낱말 사용	의미 있는 한 단어(예: 엄마)를 사용할 수 있지만, 그러지 못하는 아이들도 있다.
사회성 + 정서	다른 사람에 대한 반응	다른 사람의 표정에 반응하여 같이 웃거나 울고, 다른 사람의 얼굴을 두드리거나 잡아당길 수 있다. 친숙한 사람에게 다가가서 뽀뽀할 수 있다.
	간단한 놀이 가능	까꿍 놀이, 짝짜꿍 놀이, 곤지곤지, 잼잼 등의 놀이와 빠이빠이를 할 수 있다. 거울 속 자신을 보고 좋아하거나 옹알이를 하기도 한다.
	욕구에 반응하기	자신의 욕구를 울음으로 표현한다. 자신이 관심받고 소중한 존재라는 걸 느낄 수 있도록 아이의 행동에 즉각적으로 반응해주어야 한다.

12~24개월 (만 1세)

영역		발달 특성
신체	간단한 기본 생활 가능	모자나 양말을 벗을 수 있고, 의자에 혼자 앉을 수 있다.
	계단 오르기	계단을 기어서 올라가고 내려갈 수 있다.
	소근육 놀이 시작	공굴리기, 고리 끼우기, 2개 블록으로 탑 쌓기, 장난감 가져오기, 종이 찢기 등 소근육을 활용한 놀이를 할 수 있다.
언어 + 인지	그리기	자유롭게 선을 끄적일 수 있다.
	가리키기, 지시 따르기	이름을 말하면 그 사물을 가리킬 수 있으며, 신체의 일부도 지칭할 수 있다. 자기 자신을 가리킬 수 있다.
	물건의 기능적 사용	아기 인형에게 우유를 먹이거나 재우는 등 간단한 상징 놀이가 발달하기 시작한다.
	이름을 대고 표현하기	한 단어 이상으로 말하기 시작하며 24개월에 가까워지면 두 단어 조합을 보이기 시작한다. 장난감, 음식 등 의미 있는 단어를 사용해 표현하기 시작하며 간단한 대명사(나, 내)를 사용할 수 있다.
	의문사를 이해하고 표현하기	"이거 뭐야?"라는 질문에 대답할 수 있으며, 질문에 '예, 아니요'로 답할 수 있다. 억양을 높여서 간단한 질문을 할 수 있으며, 정보를 요구하는 질문("이거 뭐야?")도 할 수 있다.
	발음 및 음성	'ㅁ, ㅂ, ㅍ' 등의 정확한 조음이 나오며, 전체적인 발음 명료도는 25~50퍼센트 정도다.
	환경 탐색	주변 환경에 큰 호기심을 보이며, 직접 조작해보기도 한다.

사회성 + 정서	자존감 발달	자존감이 발달하기 시작하며 다른 사람과 함께 있는 것을 좋아한다.
	함께 놀기 선호	어떤 행동이나 물건을 보여주거나 요구하기 위해 사람을 끌어당길 수 있으며, 엄마를 부르기도 한다. 물건을 가지고 놀 수 있으며, 점차 다른 사람과 함께 놀 수 있다.
	장난감 놀이	자신이 좋아하는 인형, 부드러운 장난감을 가지고 다닌다. 책을 읽어달라는 욕구를 표현하기도 한다.

24~36개월 (만 2세)

영역		발달 특성
신체	기본 생활	목욕을 할 때 팔다리 씻기, 이 닦기 등을 모방할 수 있다. 숟가락과 포크를 사용해 스스로 먹지만 흘리기도 한다. 간단한 옷은 입고 벗을 수 있으며, '쉬'나 '응가'와 같은 배설 욕구를 말로 표현할 수 있다.
	대근육 활동	제자리 뛰기, 뒤로 걷기, 공 던지기와 차기를 할 수 있다.
	소근육 활동	블록을 5~6개 정도 쌓을 수 있으며, 종이 반 접기를 할 수 있고, 빼거나 끼우는 활동도 할 수 있다.
언어 + 인지	그리기	직선과 원을 그릴 수 있다.
	크기, 모양 인지	5개 이상 크기별로 고리를 끼울 수 있으며, 똑같은 그림·모양 맞추기도 할 수 있다.
	색 인지	세 가지 색 이상을 짝지을 수 있다.
	이해력 증진	위치부사어(위·아래·안)와 의문사(어디서·누가)를 이해하고 이에 대해 답할 수 있다. 간단한 두 가지 지시를 수행할 수 있으며(예: ○○에 가서 ××가져와), 물건의 기능을 듣고 사물을 가리킬 수 있다(이 닦는 게 뭐지? - 칫솔). 선택형 질문에 대답할 수 있다.
	두 단어 이상 조합 가능	두 단어를 자연스럽고 원활하게 사용할 수 있다. 서너 단어로 이루어진 단문을 사용하기도 하고, 때때로 복문을 사용하기도 한다. 하지만 아직은 다양한 문법적 오류를 보인다.
	소유격 표현	'내 것, 아빠 것'으로 소유격 표현을 사용할 수 있다.

언어+ 인지	다양한 동사 사용	'없다'를 표현할 수 있으며, 부정어 표현(싫어, 아니야)도 할 수 있다. 다양한 동사를 사용하고 이해할 수 있다.
	발음 및 음성	대부분의 초성 자음은 정확하게 발음할 수 있으나, 단어의 중간에 있는 자음 또는 종성은 생략하거나 다르게 발음하기 도 한다.
사회성 + 정서	돕기	집안일 중 하나를 하며 부모를 도와줄 수 있다.
	차례 지키기	함께 놀이에 주목할 수 있고, 차례 주고받기를 할 수 있다.
	감정 표현	언어로 감정을 조금씩 드러낼 수 있으며, 부모가 시켰을 때 "미안해, 고마워"를 말할 수 있다.
	주의 기울이기	5~10분 정도 주의를 기울여서 활동에 참여할 수 있다.
	자아개념 생성	자기 뜻대로 되지 않는 것에 대해 떼쓰기나 거부 행동을 보 인다.
	단독 놀이가 많음	아직은 자기중심적 단독 놀이가 많다. 자신의 것에 대한 소 유욕이 늘어나서 고집이 세지기도 한다.

36~48개월 (만 3세)

영역		발달 특성
신체	혼자 숟가락질 가능	숟가락을 잘 사용할 수 있지만 젓가락질은 아직 어렵다.
	미세한 손놀림 가능	끄적이기, 네모 그리기, 색칠 놀이 등을 할 수 있으며 가위질, 구슬꿰기, 블록 쌓기 등도 할 수 있다. 블록으로 구조물을 만들 수 있다.
	운동 조절 능력 발달	속도를 조절하며 달릴 수 있고, 세발자전거 타기, 공차기도 할 수 있다.
	대소변 가리기 가능	용변이 마려우면 화장실로 가서 볼일을 보거나 엄마한테 얘기할 수 있다.
언어 + 인지	옷 입기	큰 단추를 끼우거나 지퍼를 올릴 수 있다.
	언어 이해	상대적 의미(무겁다-가볍다, 길다-짧다, 같다-다르다)를 이해할 수 있으며, 양, 질, 촉감, 낮·밤을 이해할 수 있다. 위치부사어 및 비교급을 이해할 수 있다.
	언어 표현	현재진행형(~하고 있다)·미래형(~할 거야) 시제를 사용할 수 있다.
	긴 문장 구사 가능	인과관계에 맞는 말을 할 수 있으며 올바른 문법 구조를 사용할 수 있다. 접속사(그리고, 그래서, 왜냐하면)를 활용해서 말할 수 있다.
	이야기 구사 가능	그림을 보고 내용과 연결해 이야기할 수 있으며. 유머나 말놀이를 즐기기 시작한다.
	추상적 단어의 사용	구체적이진 않더라도 추상적인 개념을 잘 이해할 수 있다.

언어 + 인지	상상력 풍부	상상력이 풍부해진다. 때로는 현실과 사실을 구별하기 어려워한다.
	사물 분류 가능	물건 짝짓기를 할 수 있으며 범주(과일, 채소, 동물 등)를 이해할 수 있다. 친숙한 사물의 기능도 이해할 수 있다.
	문제 해결 능력이 생김	스스로 문제를 해결하려는 노력이 생긴다.
	의문사 이해, 표현	주변 상황에 대한 질문, 감정이나 상황에 대한 다양한 질문을 할 수 있다.
	발음 및 음성	'ㅅ'과 같이 특정 발음이 안 되기도 하지만 대부분 발음이 정확해진다. 말의 속도가 빨라진다.
	수 세기	3까지 셀 수 있고, 10까지 따라서 셀 수도 있다.
사회성 + 정서	자아정체성	고집이 세지고 자기주장이 강해져 놀이를 하다가 규칙을 어기고 마음대로 하려고 하는 경향도 보인다.
	다양한 정서를 느끼게 됨	자신의 감정을 솔직하게 표현할 수 있다. 인정과 칭찬에 관심이 많으며, 질투심도 심해진다.
	그룹 놀이가 가능해짐	친구에게 관심을 보이며, 규칙을 따를 수 있다.
	상호작용 학습 가능	사회구성원 간의 상호작용을 학습하고, 다른 사람의 입장도 경험할 수 있다.
	사회적 규칙 이해	차례 지키기, 예절을 이해할 수 있다.

48~60개월 (만 4세)

영역		발달 특성
신체	대근육 활동이 다양해짐	대근육 활동이 매우 활발하며 한 발로 서기, 정글짐 오르내리기 등을 할 수 있다.
	집 밖 놀이를 좋아함	친구들과 어울리기를 좋아한다.
	옷 입기, 양치질 가능	숟가락, 젓가락질에 능숙해지며 옷 입기, 양치질하기를 혼자 할 수 있다.
언어 + 인지	다양한 단어 이해	많은 단어를 알고 이해할 수 있다.
	다양한 표현 언어	빠진 부분을 말하거나 틀린 점을 이야기할 수 있다(눈 오는 날 반팔을 입고 있는 아이의 경우 틀린 이유를 설명할 수 있다). 반대 사물과 반대 동사를 알고, '~할 수 있을 텐데/~하지 않을 거야'를 말할 수 있다.
	정확한 문장 표현	자신의 경험·생각을 말로 정확하게 표현할 수 있다. 말장난, 수수께끼 놀이를 즐기며 긴 노래를 부를 수 있다. 복잡한 문장 표현이 많아진다.
	상상해서 말함	이야기의 뒷부분을 상상하거나 그림의 내용보다 확대된 이야기를 상상하여 표현할 수 있으며, 현실과 가상을 구별할 수 있다.
	의문사 표현	사회적인 현상들에 대해 다양한 질문을 할 수 있다.
	단위 세기	'○개'라고 세는 것이 일반적이나, '명, 대, 켤레, 마리' 등을 정확히 알려주면 기억하고 사용할 수 있다.
	원인·결과 예측	기억력, 사고력이 상당히 발달하여 어떤 일이나 상황을 논리적으로 설명할 수 있으며, 결과도 예측해서 말할 수 있다.

언어 + 인지	시간 개념이 생김	시계는 볼 줄 모르지만 '조금 있다가, 낮·밤·아침·점심'이라는 개념을 이해하여 참고 기다릴 수 있다. 어제·오늘·내일이라는 개념을 이해하고 사용하기 시작한다.
	수 개념	1부터 20까지 기계적으로 셀 수 있으며, 1부터 10까지 물건 수 짝짓기를 할 수 있다.
	미술 활동	다양한 매체로 사람의 형태를 그릴 수 있다.
	글자 인식 시작	한글을 조금씩 읽을수있지만 완벽하게 의미를 파악하는것은 어렵다
사회성 + 정서	자립심	혼자 할 수 있는 일이 점점 많아지면서 부모의 손길이 점차 줄어들게 된다.
	거짓말 시작	자신의 잘못을 숨기기 위해 거짓말을 할 수 있다.
	감정 표현	부모의 반응에 따라 감정을 숨기는 일이 많아진다.
	친구와의 놀이를 좋아함	친구들과 잘 어울리며, 친구 집에 놀러 가는 것도 좋아한다.
	성인과의 의사소통	성인에게 관심과 인정을 받고 싶어 하는 욕구가 커져 성인의 대화에 참여하고 성인에게 도움을 요청한다.
	양보심 발달	친구와 잘 놀고 싶다는 욕구가 강하므로 친구가 싫어하는 행동을 스스로 조심할 수 있다. 공공장소에서 사회적으로 받아들여질 수 있는 행동을 하며, 주변 상황을 살필 수 있다.
	다양한 역할 놀이	역할 놀이가 양적·질적으로 발달한다. 놀이 시작 전 계획을 세우기는 하지만 실제로는 계획대로 놀이를 하지 않는 경우가 많다. 다양한 역할 놀이를 할 수 있다.
	연합놀이 시작	또래와 이야기를 주고받거나 놀잇감을 빌려주며 놀이를 할 수 있다.

60개월~ (만 5세)

영역		발달 특성
신체	낮잠이 없어짐	낮에 활동하는 시간이 늘어난다.
	평형감각 발달	자전거, 스케이트, 킥보드를 탈 수 있다. 한 발로 뛰기, 계단에서 뛰어내리기, 엎드려 미끄럼틀 타기 등 운동 기술이 다양하게 발달한다.
	서열 놀이를 즐김	무작정 놀기보다는 규칙을 정해 서열을 짓는 놀이를 좋아한다.
	손놀림이 정교해짐	조립하여 단순한 작품을 만들 수 있다.
언어 + 인지	관찰력 발달	단순한 호기심보다는 원리를 파악하려 하는 과학적 호기심이 생겨 저울, 온도계 등으로 주변 사물을 관찰하고 실험하기를 좋아한다.
	집중력 발달	집중 시간이 늘어나서 아이의 흥미를 유발할 수 있는 놀잇감이나 교육 교재로 집중하는 습관을 길러주면 좋다.
	간단한 셈을 함	손가락이나 사물을 사용해 눈으로 개수를 확인하며 덧셈을 할 수 있다.
	미술 활동	만들기 전 무엇을 만들지 계획을 세우며 다양한 점토, 폐품 등을 활용하여 입체 조형물을 만드는 것을 즐긴다.
	인지 능력 발달	다양한 퍼즐 맞추기, 바느질을 할 수 있다. 주사위 게임 등 규칙 있는 게임을 할 수 있다. 요일을 셀 수 있으며, 기본정보 (생일·주소·전화번호)를 말할 수 있다.
	읽고 쓸 수 있음	개인차가 있으나 읽고 쓰기가 조금씩 가능해진다. 받침 있는 글자를 읽고 쓰는 건 어려워한다.

언어 + 인지	말놀이 즐김	농담을 이해하고, 농담을 할 수 있다. 끝말잇기·수수께끼 등을 좋아한다.
	정교한 표현	성인들과 일상적인 대화를 할 수 있고, 먼저 질문도 할 수 있다. 앞뒤 문맥을 통해 모르는 단어의 뜻을 유추할 수 있다. 단어를 정의할 수 있으며 존댓말을 적절히 사용할 수 있다. 아는 동화를 다른 사람에게 들려줄 수 있다.
	의문사 질문	다양한 형태의 의문사로 질문할 수 있다.
사회성 + 정서	감정 통제 가능	조금씩 스스로 감정을 통제할 수 있다. 원하는 일이 되지 않을 때 화내거나 우는 대신 부모를 설득하려고 한다.
	의견 존중해주기	자기 생각이나 감정을 말로 정확하게 표현할 줄 알게 되므로 아이의 의사를 자주 묻고 존중해주어야 한다.
	친구들과 놀기 를 좋아함	친구들과 노는 것을 좋아하며, 엄마가 곁에서 간섭하는 것을 싫어한다. 역할 놀이의 내용이나 놀잇감이 다양해지고, 실물이나 놀잇감이 없어도 가상하여 놀이를 할 수 있다.
	협동 놀이	또래와 원만하게 상호작용하며, 역할을 분담하고 서로 돕고 규칙을 지킬 수 있다.
	양보심 발달	자신의 것을 동생이나 친구에게 양보할수있다

부모가 꼭 알아야 할 0~6세 연령별 아기 발달 정보와 언어 자극법

하루 5분, 엄마의 언어 자극

초판 1쇄 발행 2020년 2월 17일
초판 9쇄 발행 2025년 1월 15일

지은이 장재진
펴낸이 민혜영
펴낸곳 (주)카시오페아
주소 서울특별시 마포구 월드컵로14길 56, 3~5층
전화 02-303-5580 | **팩스** 02-2179-8768
홈페이지 www.cassiopeiabook.com | **전자우편** editor@cassiopeiabook.com
출판등록 2012년 12월 27일 제2014-000277호

ⓒ장재진, 2020
ISBN 979-11-88674-81-7 03590